Lorenz Wied

●

Die Gründerfallen

LORENZ WIED

DIE GRÜNDERFALLEN

DIE HÄUFIGSTEN FEHLER BEI STRATEGIE, MARKETING UND MANAGEMENT

Bibliografische Information Der Deutschen Bibliothek

Die Deutsche Bibliothek verzeichnet diese Publikation in der Deutschen Nationalbibliografie; detaillierte bibliografische Daten sind im Internet über http://dnb.ddb.de abrufbar.

ISBN 978-3-7093-0177-7

Es wird darauf verwiesen, dass alle Angaben in diesem Buch trotz sorgfältiger Bearbeitung ohne Gewähr erfolgen und eine Haftung des Autors oder des Verlages ausgeschlossen ist.

Umschlag: AG MEDIA GmbH
© LINDE VERLAG WIEN Ges.m.b.H., Wien 2007
1210 Wien, Scheydgasse 24, Tel.: 0043/1/24 630
www.lindeverlag.at

Druck: Hans Jentzsch & Co. GmbH., 1210 Wien, Scheydgasse 31

FOREWORD

I'm often asked about what has most changed in the business world in the many years I've been working with companies all around the world. My answer is one word: competition.

Anyone who wants to be a successful entrepreneur must start his plans with competition. It's not what you want to do, it's what competition will let you do. Unfortunately, most entrepreneurs are so excited about their ideas that they sometimes fail to understand just what competitors will do, especially if they are threatened.

Once you have this sense of competition, you are in a better position to develop a sustainable strategy. But, above all, you must clearly understand that the ultimate battle will take place in the mind of your customers and prospects. In this battle you must clearly communicate what makes you different from those competitors.

It's not about being first with a new idea – exploiting the "first mover advantage". It's about being first in the customers' minds. This is a competitive mental race. It's a race of better differentiating ideas in an over-competitive mental battlefield.

In this era of competition SMEs need to have as good a strategy as the big guys. Otherwise they are toast. They are facing the same problems as big and medium-sized companies. The only difference is that they neither have sufficient funds nor time and the right people to develop, implement and maintain a strategic direction the same way. But they need to do so even more badly because when they make a mistake – boom! – they are gone. They don't have enough cash on hand to survive.

This is the reason for this book. The advice we're giving to the big companies is as important as that for the smaller ones. All principles of positioning and differentiation count in the exactly same way and intensity.

Lorenz Wied our longtime senior partner took all our 40 years of experience from the corporate world in 75 different industries to provide them in a simple and understandable way for young entrepreneurs, who don't have the time to read too many books, because they are just too busy with their business.

This book will help you clearly understand these principles and your success or failure will depend in great measure on how well you learn them.

Jack Trout

Vorwort (Übersetzung)

In den vielen Jahren der weltweiten Beratungstätigkeit wurde ich häufig danach gefragt, was sich in der Geschäftswelt am meisten verändert hat. Meine Antwort ist ein Wort: der Wettbewerb.

Jeder, der ein erfolgreicher Unternehmer sein will, muss seine Pläne zuerst auf Wettbewerbstauglichkeit prüfen. Es geht nicht darum, was man tun will, es geht darum, was der Wettbewerb zulässt. Leider sind die meisten Unternehmer zu euphorisch mit Ihren Ideen, dass sie manchmal vergessen zu verstehen, was Mitbewerber tun, speziell wenn sie bedroht werden.

Wenn man erst einmal ein Gefühl für Wettbewerb hat, ist man besser in der Lage, eine klare Strategie zu entwickeln. Aber am wichtigsten ist es, zu verstehen, dass der wirkliche Kampf im Gedächtnis der bestehenden und potentiellen Kunden stattfindet. Und in diesem Kampf müssen Sie klar kommunizieren, was Ihr Unternehmen von der relevanten Konkurrenz differenziert.

Es geht nicht darum, Erster mit einer Idee am Markt zu sein und den „First-Mover-Advantage" zu nutzen. Es geht darum, Erster im Gedächtnis der Kunden zu sein. Es ist ein mentaler Wettbewerb. Es ist ein Rennen um die bessere differenzierende Idee in einem immer stärker umkämpften mentalen Schlachtfeld.

Im heutigen Wettbewerb brauchen kleine und mittelständische Unternehmen eine mindestens so gute Strategie wie die Großen. Sonst sind sie flach wie Pizza. Sie sind mit den gleichen Problemen konfrontiert wie mittlere und große

Unternehmen. Der einzige Unterschied liegt darin, dass die Kleinen weder das nötige Kleingeld noch die Zeit und die richtigen Leute zur Entwicklung, Umsetzung und Beibehaltung der strategischen Stoßrichtung haben. Aber sie sollten genau das umso mehr tun, denn wenn sie einen Fehler machen – zack –, sind sie erledigt. Sie haben nicht genug Geld in der Kriegskasse, um zu überleben.

Das ist der Grund für dieses Buch. Die Ratschläge, die wir großen Unternehmen geben, sind mindestens genauso wichtig für kleine Unternehmer. Alle Prinzipien der Positionierung und Differenzierung gelten in der gleichen Art und Intensität.

Lorenz Wied, unser langjähriger Senior Partner, bringt in diesem Buch unsere 40-jährige weltweite wirtschaftliche Erfahrung in 75 unterschiedlichen Branchen für Jungunternehmer einfach und gut verständlich in kompakter Form auf den Punkt, damit Jungunternehmer, die nicht die Zeit haben, viele Bücher zu lesen, da sie mit ihrem Unternehmen vollauf beschäftigt sind, davon profitieren.

Das Buch wird Ihnen helfen, diese Prinzipien klar zu verstehen. Ihr Erfolg wird in großem Maße davon abhängen, wie gut und wie viel Sie daraus lernen.

Jack Trout

INHALT

GRÜNDUNG IN EUROPA

Der politische und wirtschaftliche Wille Europas, Unternehmensgründungen zu fördern, ist ungebrochen.

Wir haben aber in Europa noch keine geeignete Gründerkultur. Wir hinken den USA um 20 Jahre hinterher. *Es fehlt uns eine gesamte Gründergeneration.* Die Mentalität in Österreich und Deutschland ist noch nicht so weit, wie es nötig wäre. Die Rahmenbedingungen sollten fair und aus internationaler Sicht wettbewerbsfähig gestaltet werden. In Deutschland werden immer noch um 50% weniger Unternehmen gegründet als in den USA. Es ist also noch eine Menge zu verändern, damit wir das volkswirtschaftlich notwendige qualitative und quantitative Wachstum neuer Unternehmen erreichen.

> IT IS NOT NECESSARY TO CHANGE.
> SURVIVAL IS NOT MANDATORY.
>
> W. EDWARDS DEMING
> BEGRÜNDER DER QUALITÄTSREVOLUTION

Man ist nicht verpflichtet, sich dem Wandel anzupassen. Man ist aber auch nicht verpflichtet zu leben. Wenn man allerdings lebt, lebt man mit dem Wandel sicherlich besser. Es gilt aufzuholen. Es geht darum, das vorhandene Wissen für Jungunternehmer in pragmatischer Form aufzubereiten und zu vermitteln, damit sie Fehler vermeiden, die gefährlich sind.

Der Beitrag dieses Buches ist es, die Themen Strategie, Positionierung und Differenzierung, Marketing und ausgewählte Aspekte zur Förderung von Wachstum in pragmatischer Form zu erklären und zu vermitteln.

In meinen Lehrveranstaltungen an Universitäten, in der Beratungspraxis und als Entrepreneurship-Mentor stelle ich immer wieder fest, dass junge Unternehmer und Unternehmerinnen, genauso wie etablierte große Unternehmen, in ganz einfache, aber böse Fallen tappen.

Das vorliegende Buch ist ein Überlebensleitfaden für Jungunternehmer, die von Anfang an die richtigen Dinge tun und ihren potentiellen Kunden einen klaren Grund anbieten wollen, warum Kunden bei ihnen kaufen sollen und nicht bei der Konkurrenz.

DIE NAVIGATION ZUM ERFOLG

Betrachten Sie die strategische Positionierung in diesem Strategie- und Marketingkompass als die Kompassnadel, die Ihnen die Richtung anzeigt, in die Ihre Fahrt gehen soll. Differenzierung ist das Ziel, das Sie mit diesem Kompass ansteuern. Strategie ist dabei das Steuerrad und Marketing sind die Segel, die Sie setzen können, damit Sie dem Ziel möglichst schnell näher kommen. Ihnen als Kapitän mögen stets eine Handbreit Wasser unter dem Kiel und günstige Winde beschert sein.

SHOOT FOR THE MOON. EVEN IF YOU MISS IT YOU WILL LAND AMONG THE STARS.

LES BROWN

Etwas Neues zu beginnen hat unglaubliche Kraft und verleiht den Menschen, die es tun, oft enorme Energie, ja Enthusiasmus. Dieser ist auch unbedingt notwendig. Flugzeuge verbrauchen beim Start den meisten Treibstoff. Es erfordert eben eine Menge Energie, bis etwas Neues „abhebt".

FALLEN, FEHLER UND IHRE FOLGEN

Was ich aber in großem Stile vermisse, ist, dass zu wenig an die Konsequenzen gedacht wird, die durch Handlungen unausweichlich folgen.

Das ist nicht nur ein Phänomen in jungen Unternehmen oder von jungen Menschen. Aber etablierte Unternehmen haben etwas mehr Substanz und müssen nicht gleich das Handtuch werfen, wenn ein Fehler zu negativen Konsequenzen führt.

Gründer dürfen sich heute wesentlich weniger Fehler leisten. Sie haben keine Zeit, keine Kriegskasse. Unternehmen, die das nicht verstehen, werden nicht überleben.

ES IST EINE WILDE ZEIT

Chancen gibt es viele. Doch der Konkurrenzkampf ist enorm. Jedes Marktsegment wird getrieben von der Qual der Wahl. Konsumenten haben heute eine so große Auswahl, dass bei einem falschen Schritt nicht nur ein Konkurrent, sondern eine ganze Horde von Konkurrenten durch Ihren Fehler profitieren. Die Chance, das Geschäft wieder zurückzubekommen, ist minimal bis null, außer ein Konkurrent macht einen Fehler. Zu hoffen, dass ein Konkurrent einen Fehler begeht, ist allerdings wie ein Rennen, in dem Sie hoffen, dass ein Gegner stürzt. Das ist keine sehr intelligente Strategie.

Gehen Sie es daher richtig an, um aus diesem mörderischen Konkurrenzkampf siegreich hervorzugehen.

Ich habe für dieses Buch den Weg gewählt, nicht in erschöpfender Weise eine Anleitung zur Entwicklung einer Strategie, eines Marketingplanes, eines Businessplans zu geben. Ich will Ihnen anhand einer sehr pragmatischen Vorgehensweise und anhand von 85 konkreten Beispielen zeigen, welche Fallen und Fehler Sie vermeiden können. Mehr noch: Aufbauend darauf zeige ich Ihnen einen klaren Weg zu einer langfristig erfolgreichen Strategie und dem dazupassenden Marketing. Anhand von Fehlern lässt sich besser zeigen, was funktioniert oder nicht funktioniert und warum es funktioniert oder eben nicht funktioniert.

Juni 2007   *Lorenz Wied*

Prolog

Motive für die Gründung

Die Motivlage ist nach Alter, Geschlecht, Qualifikation und bisheriger Arbeitserfahrung unterschiedlich.

Der Wunsch nach einem eigenen Unternehmen, nach Unabhängigkeit, Verantwortung und persönlichem Wohlstand wird häufig als Grund genannt.

Auffällig ist, dass Arbeitslosigkeit laut SME-Bericht 2002/Report 5 der Europäischen Kommission als sogenannter Push-Faktor in Österreich bis vor kurzem noch zu 25% das Hauptmotiv für die Unternehmensgründung war.

In Frankreich, Spanien, Irland, Italien, Portugal, England und Schweden spielt der Push-Faktor eine immer geringere Rolle als Gründungsursache.

Eine Untersuchung am Institut für Unternehmensgründung der Johannes Kepler Universität zeigt im aktuellen Bild, dass für ein Drittel der Befragten der Wunsch nach Selbständigkeit die treibende Kraft war. Das Hobby zum Beruf zu machen, eigener Chef sein und die Frustration im bisherigen Berufsleben waren die Auslöser.

18% haben sich mit einer Idee aus der unselbständigen Tätigkeit, dem Studium oder aus erworbenem Wissen und Erfahrung heraus selbständig gemacht. 13% haben eine Chance ergriffen und wurden Nachfolger. Nur unter 6% gründeten aus der Arbeitslosigkeit heraus.

Die Gründungsfalle

Durch zahlreiche Untersuchungen zieht sich ein roter Faden: Die felsenfeste Überzeugung, dass eine Idee stark genug ist, um damit langfristig erfolgreich zu sein, ist in allen Untersuchungen nur mit der Lupe zu finden.

Damit fehlt den meisten Gründern der wesentliche Treibstoff für den Erfolg.

Gehen Sie nur mit einer guten Idee in die Selbständigkeit!

DIE IDEE DES JAHRES 2007

Die Eoil Automotive & Technologies GmbH aus Alfeld (Niedersachsen) entwickelt eine Technologie zur direkten Nutzung des nachwachsenden Rohstoffs Pflanzenöl als Kraftstoff für Fahrzeuge.

Die Teutoburger Ölmühle GmbH & Co.KG aus Ibbenbüren entwickeln ein neues, energieautarkes Verfahren der Kaltpressung von Raps-Kernöl. Durch die Entfernung der Schale vor der Kaltpressung entsteht ein qualitativ hochwertiges Speiseöl mit allen wichtigen kostbaren Inhaltsstoffen der Saat. Reste der Rapsverarbeitung werden vom Unternehmen im Sinne der Kreislaufwirtschaft zum Betrieb des hauseigenen Blockheizkraftwerks sowie als Treibstoff für LKW genutzt.

Beide Ideen wurden mit dem deutschen Gründerpreis 2007 ausgezeichnet.

Eine fruchtige Idee aus Schottland

Zwei Studenten der Fachhochschule Bonn-Rhein-Sieg in St. Augustin haben im Rahmen eines Auslandssemesters in Schottland Fruchtsaftgetränke, sogenannte „Smoothies" schätzen und lieben gelernt. Nach ihrer Rückkehr war schnell die Geschäftsidee geboren, vergleichbare Säfte in Deutschland zu vermarkten. Zehn Absolventen der Fachhochschule (drei Wirschaftswissenschaftler, drei Biologen und vier Chemiker) entwickelten und patentierten somit das Wellnessgetränk und vermarkten nun diese puren Fruchtsäfte – ohne Zucker, ohne Konservierungsstoffe, ohne Konzentrate, ohne Farbstoffe und ohne Zusatzstoffe, und die Früchte reifen bis zuletzt am Strauch bzw. Baum.

Die Produktion hat mit 50 Flaschen pro Tag begonnen, mittlerweile sind es 70.000. Und der Smoothie-Trend ist in Deutschland erst am Anfang...

Das Produkt „true fruits purple" ist für die Teilnahme am Designpreis der Bundesrepublik 2008 nominiert, Gewinner des 2. Platzes beim überregionalen Businessplan-Wettbewerb des NUK (Netzwerk und Know-how) – Neues Unternehmertum Rheinland e.V., erhielt u.a. den Innovationspreis 2006 der Kölnmesse, iF product design award 2007 Gold.

Sie müssen also nicht immer selbst eine Idee haben. Erfinder sind meist keine sehr guten Geschäftsleute. Tun Sie sich mit ihnen zusammen!

EINIGE TIPPS

Wenn Sie nicht als „unternehmerischer Einzelkämpfer" am Markt bestehen wollen, sondern die Chancen und Vorteile eines starken Markenauftritts als Teil eines Netzwerks schätzen, dann ist Franchising eine attraktive Option. Der Vorteil von gutem Franchising ist, dass Sie von den 32 Kernfunktionen, die ein Unternehmer wahrzunehmen hat, nur den Verkauf, die Kundenorientierung und die Mitarbeiterführung im eigenen Outlet übernehmen müssen. Ein gutes System unterstützt Sie bei allen anderen Aufgaben!

Oder übernehmen Sie den Vertrieb für ein gutes Produkt, so wie das ein Unternehmer gemacht hat, der den Vertrieb für 100% biologisch abbaubare Desinfektionstabletten übernommen hat.

In jedem Fall sollten Sie sich den Schritt in die unternehmerische Tätigkeit genau überlegen. Stellen Sie sich kritische, einfache Fragen, ob, warum, wie und mit welchem finanziellen Einsatz die Verwirklichung möglich ist, ob die Idee wirklich neu ist und ob Kunden deshalb zu Ihnen kommen würden.

In serviceorientierten Branchen beginnen Sie in den eigenen vier Wänden – vorerst nebenbei. Erst dann sollten Sie überlegen, ein eigenes Büro zu eröffnen.

Das Büro des verstorbenen Sam Walton – des seinerzeit reichsten Mannes der Welt – war acht Quadratmeter groß, hatte ein kleines Fenster in den Innenhof und war sehr einfach eingerichtet.

Schaffen Sie sich keine finanziellen Engpässe. Das lähmt den Geist und dämpft die Motivation.

Dietrich Mateschitz hat mir 1986 einen seiner eisernen Grundsätze genannt: „Geld wird erst dann ausgegeben, wenn es verdient ist." Ein strenges Prinzip, aber es hat geklappt.

IF YOU DON'T HAVE A COMPETITIVE
ADVANTAGE, DON'T COMPETE.

JACK WELCH, 1986,
EX CEO VON GENERAL ELECTRIC

1. Strategie

Strategie besteht nicht nur darin, die richtigen Dinge zu tun, sondern auch darin, Dinge nicht zu tun.

MICHAEL PORTER, STRATEGIE-PROFESSOR

Strategie ist, die richtigen Dinge zu tun

Achtung Falle!

Die „Was-zählt-Falle"

Wir haben immer wieder festgestellt, dass Erfolg nichts damit zu tun hat, ob man die richtigen Mitarbeiter oder die richtige Einstellung, die richtigen Werkzeuge, die richtigen Rollenmodelle oder die richtige Organisationsform hat.

Es geht allein um die *richtige Strategie*. Die Strategie gibt die Richtung vor, Strategie diktiert die Produktplanung, die Strategie bestimmt, wie die interne und externe Kommunikation aussehen soll und legt den Fokus des Unternehmens fest.

Deshalb ist es so wichtig zu verstehen, worum es heute bei Strategie geht. Je besser Sie die Funktion der Strategie verstehen, desto eher sind Sie in der Lage, die richtigen strategischen Entscheidungen für einen langfristigen Erfolg zu treffen. Und umgekehrt sind Sie besser in der Lage, große Probleme zu lösen, mit denen Sie im immer stärker werdenden Verdrängungswettbewerb konfrontiert sind.

Aktuell sind in englischer und deutscher Sprache mehr als 20.000 Bücher über strategische Planung und Marketing erhältlich. Ein Autor schreibt über nachhaltige Wettbewerbsvorteile. Ein anderer erklärt, diese Idee sei schon passé. Ein Autor spricht über die Wichtigkeit von Fallstudien. Ein anderer stellt fest, dass Fallstudien nicht Ihre Strategie entscheiden sollten. Und es geht weiter im Fachjargon: dynamischer Vorteil, Conjoint-Analyse, Wettbewerbsdynamiken, Co-Evolution und – mein Favorit – nachhaltiger Wettbewerbsnachteil. All das sorgt für nichts als Verwirrung.

> READ THE BEST BOOKS FIRST,
> OR YOU MAY NOT HAVE A CHANCE
> TO READ THEM AT ALL.
>
> HENRY DAVID THOREAU (1817–1862)
> AMERIKAN. AUTOR UND PHILOSOPH

Aber was das Ganze noch schlimmer macht, ist die Tatsache, dass es Leute gibt, die sagen, Strategie sei eine Sache und Marketing eine andere. In Wahrheit müssen beide aufeinander abgestimmt sein, wenn Sie Erfolg haben wollen. Marketing ist die treibende Kraft im Geschäft. Eine exzellente Geschäftsstrategie ohne richtiges Marketing wird in Märkten mit intensivem Wettbewerb meistens scheitern. Zum besseren Verständnis ein Beispiel:

DIE ANDERE WEIN-ERFOLGSSTRATEGIE

AUS DEM SEEWINKEL IN DIE FORMEL 1

Welche Chancen hätten Sie einem neuen Winzer international gegeben, der nach dem großen Weinskandal 1995 in dieses Geschäft eingestiegen ist? Wohl keine besonders großen.

Ein Maschinenbauingenieur und eine Diplomkrankenschwester haben 1995 sichere Anstellungen aufgegeben und nach 21 Jahren leitender Funktion auf ihre Abfindung verzichtet, um ihre Passion in die Profession zu transferieren und exzellenten Wein zu machen.

Maria und Willi Opitz haben einen eigenen Weinstil entwickelt und mit einer gut durchdachten, klaren Strategie vermarktet.

ANDERS ALS ALLE ANDEREN

Das war die Schlüsselentscheidung. Learning by doing ist fester Bestandteil der Gesamtstrategie. Willi Opitz ließ sich auch von den Lebensweisheiten seines Großvaters inspirieren und macht erstklassige, international anerkannte Weine. Spitzenqualität war die erste Voraussetzung.

Aber sie haben nicht in Österreich begonnen, ihren Wein zu vermarkten, sondern am schwierigsten Weinmarkt der Welt: in England.

Mit 20 Flaschen Wein sind sie 1990 zur International London Wine Trade Fair geflogen.

Dies war der erste internationale Auftritt, um die Linie und die Qualität auf Markttauglichkeit zu testen.

1994 wurden sie zur Eröffnung des Hotel Du Vin in Winchester eingeladen. Dort sind die Zimmer nicht nummeriert, sondern nach weltberühmten Weingütern benannt. Die größte Suite ist Mouton Rothschild gewidmet, das kleinste Zimmer Willi Opitz. Zu dieser Eröffnung waren die 40 besten Weinjournalisten, Sommeliers und die High Society geladen.

DER ERSTE ROTE SÜSSWEIN DER WELT

Der *Opitz One*, der erste rote Süßwein, eine echte Innovation am Weinmarkt, ist aufgefallen. Dort kam Ron Dennis auf Willi Opitz zu. Ihm hat der Innovationsgeist und der Mut gefallen und er hat Herrn Opitz gefragt: „Willi I like your wine. Do you want to become the exclusive winemaker for the McLaren Formula 1 racing team?" Mit einem spontanen „Yes" waren Willi und Maria Opitz die exklusiven Winzer des McLaren Formel-1-Rennstalls.

Dies war der Einstieg in die Formel-1-Welt. Und der Beginn einer der erfolgreichsten Unternehmensstrategien in einem hart umkämpften Markt.

Zehn Jahre später:

▸▸ Der *Silver Lake* ist die Hausmarke von McLaren.

▸▸ Opitz-Weine werden im sehr exklusiven Wine Store von Harrods in London verkauft.

▸▸ Im Fat Duck Bray, einem der besten Lokale der Welt, und in Mosimann's, dem exklusivsten Privatclub Londons, stehen Opitz-Weine auf der Weinkarte.

▸▸ In der First Class der British Airways werden weltweit Opitz-Weine serviert.

▸▸ Bill Clinton ist ein Wein mit dem Namen „Mr. President" gewidmet, und er schenkt diesen Wein guten Freunden.

▸▸ Willi Opitz ist der erste Österreicher, der den Titel *Late Harvest Winemaker of the* Year in London verliehen bekommen hat.

▸▸ Er ist der Erfinder des „Schilfweins," was dazu geführt hat, dass das österreichische Weingesetz geändert wurde.

▸▸ Opitz One ist der erste und beste rote Süßwein der Welt.

▸▸ Opitz ist der führende österreichische Winzer in Finnland und

▸▸ der erste und bislang einzige, der nach Südafrika exportiert.

▸▸ Exakt zum zehnjährigen Jubiläum der Gründung erhielt die Familie Opitz 2005 als erster Winzer Österreichs den Exportpreis der Republik Österreich verliehen.

▸▸ 2006 erfolgte die Verleihung des Goldenen Nistkastens für exzellentes persönliches Marketing.

Sein liebstes Marketinginstrument ist ein Nistkasten für Vögel. Sein Marketingbudget liegt bei 1% des Umsatzes. Seine Ideen sind immer ausgereift und eine Verstärkung seiner Credi:

▸▸ Das Leben ist zu kurz, um schlechten Wein zu trinken.
▸▸ Der Erste ist noch nie zu spät gekommen.
▸▸ Positive Gedanken bringen keine schlechten Ergebnisse.

Sie sehen, gute Qualität ist der Einstieg ins Geschäft. Vorher über eine gute Strategie nachzudenken, schafft die Vorausset-zung, um mit einem sehr persönlichen, intelligenten und effi-zienten Marketing in einem scheinbar schwierigen Geschäft erfolgreich zu werden.

Dieses Beispiel zeigt, wie mit der Strategie, als *Erster etwas neues in einer neuen Kategorie* anzubieten, eines der stärksten Prinzipien der strategischen Positionierung genutzt wird. Es ist eben besser, Erster statt nur besser zu sein, um sich im Gedächtnis der Kunden zu verankern.

Marketing treibt die gesamte Geschäftsstrategie voran.

Daher lautet meine Definition von *Strategie*: **Strategie ist das, was Sie einzigartig macht und die beste Methode ist, Ihre differenzierende Idee im Gedächtnis Ihrer bestehenden und potentiellen Kunden zu verankern.**

DIE URSACHE SCHLECHTER STRATEGIEN

Das dahinterliegende Problem ist ein Teufelskreis von Management-Fehlentscheidungen, der durchbrochen werden muss. Viele Unternehmer sind unheimlich bemüht, effizienter zu werden. Das ist auch wichtig. Das Problem ist aber, wenn Sie mit großer Effizienz die falschen Dinge tun, dann nehmen es Ihre potentiellen Kunden einfach nicht wahr, weil Sie ent-weder für die Konkurrenz Werbung machen oder das Marke-ting mit der Strategie nicht zusammenpasst. Es geht darum, dass Sie eine effektive Strategie haben und diese dann effizient und konsequent umsetzen.

Sie sollten kritisch hinterfragen, welche Regeln in Ihrem Geschäft sinnvoll sind, welche Regeln Sie einhalten müssen und welche Regeln Sie brechen können, ja müssen, um erfolgreich zu werden.

Erfolgreiche Unternehmen haben mehr Regeln gebrochen als eingehalten. Das war der Grund für den Erfolg. Benetton hat es geschafft, als erstes Modeunternehmen der Welt neue Modefarben nachzuliefern, wenn sich diese gut verkauften. Die Lösung des Problems war Stückfärbung. Rohweiß vorgefertigte Bekleidung konnte innerhalb einer Woche eingefärbt und geliefert werden.

Ikea hat Möbel als erstes Unternehmen in wirklichkeitsnahen Situationen ausgestellt und Vorschläge gemacht, wie man sich einrichten kann. So konnten sich Kunden etwas vorstellen. Die Selbst-Montage ermöglichte, dass man attraktive Preise anbieten konnte. Dadurch wurde Ikea zum größten Möbelhändler der Welt.

KLARE, VERSTÄNDLICHE STRATEGIEN

Im Jahr 2003 hat die Harvard Business Review eine Studie von Nohira, Joyce und Roberson als „die gründlichste Studie über Managementpraktiken" veröffentlicht. Das Ergebnis: Es geht nicht um CRM, TQM, BPR oder andere Trenderscheinungen.

Es geht darum, die grundlegenden Dinge in einem Unternehmen ordentlich zu machen. Im Klartext: „Die Entwicklung und Verfolgung einer klar definierten und fokussierten Strategie." Strategische Überlegenheit setzt voraus, dass man sich über die eigene Strategie im Klaren ist und diese konsequent an seine Kunden, Mitarbeiter und Aktionäre kommuniziert. Es ist ein einfaches fokussiertes Nutzenangebot. Auf den

Punkt gebracht: Warum sollte man bei Ihnen und nicht bei der Konkurrenz kaufen?

LANGFRISTIG DENKEN

Wo Unternehmen in 10 oder 20 Jahren sein wollen, ist interessant. Kein Mensch kann aber in die Zukunft blicken. Auch Zukunftsprediger nicht. Daher sollten Strategien auch nicht für einen zu langen Zeitraum fix niedergeschrieben werden.

Eine gute Strategie sollte so sein, dass sie die *Stoßrichtung* für eine schlüssige Marketing-Ausrichtung vorgibt. Unterwegs ist zu entscheiden, welche Weichenstellungen vorgenommen werden müssen. Mehr dazu erfahren Sie unter Taktik und Strategie (Seite 39).

STATEGIE BRAUCHT GESUNDEN MENSCHENVERSTAND

> MANAGEMENT IST EIN SONDERBARES PHÄNOMEN. ES IST GROSSZÜGIG BEZAHLT, ENORM EINFLUSSREICH UND BEZEICHNENDERWEISE LEER VON GESUNDEM MENSCHENVERSTAND.
>
> HENRY MINTZBERG, PROF. FÜR MANAGEMENT, McGILL UNIVERSITÄT

Die Definition für gesunden Menschenverstand: „Angeborenes gutes Urteilsvermögen, das frei von emotionaler Neigung oder intellektueller Raffinesse ist."

Heute wird guter Menschenverstand zu oft durch Zahlen ersetzt. Das kann fatale Folgen haben.

Frage an den Verstand: Wozu ist eine Idee gut, die kein Problem bei möglichen Kunden löst, sondern nur im Kopf des

Erfinders? Brauchen Biertrinker einen Bierdeckel, der rechtzeitig piepst, bevor das Bier aus ist, um ein neues Bier zu bestellen? Die Idee ist lustig, aber kein Geschäft.

Macht eine rauchlose Zigarette oder farblose Cola Sinn? Oder Videos oder Eiscreme für Hunde? Natürlich nicht. Warum war New Coke ein Flop? Weil Cola-Fans keine Cola haben wollten, die süßer schmeckt als ihre Lieblings-Cola.

Macht ein Audi A2 Sinn? Bei Audi intern schon, beim Kunden nicht. Daher wurde auch der A2 inzwischen wieder eingestellt. Dieselbe Frage könnten Sie auch für die A-Klasse von Mercedes stellen.

Vertrauen Sie auf Ihren gesunden Menschenverstand, er wird Ihnen sagen, was Kunden bereit sind, unter der klaren Positionierung Ihrer Marke zu akzeptieren. Es geht darum, dass der Fokus und die zentrale Idee erhalten bleiben. Mehr dazu unter dem Kapitel Markenausweitung (siehe Seite 72).

DIE DREI GROSSEN LEBENSNOTWENDI-
GEN DINGE, UM ETWAS ERSTREBENS-
WERTES ZU ERREICHEN SIND:
ERSTENS HARTE ARBEIT, ZWEITENS
AUSDAUER UND DRITTENS GESUNDER
MENSCHENVERSTAND.

THOMAS ALVA EDISON

KEINE ODER SCHLECHTE STRATEGIEN

„Für Strategie haben wir kein Geld und keine Zeit!"

Laut Untersuchungen geben 80% der Unternehmen an, eine Strategie zu haben. Die Realität zeigt aber, dass weniger als 10% eine gute Strategie haben, die einem Unternehmen zu nachhaltigem Erfolg verhilft. Die Auffassung über Strategie divergiert stark.

Und heute wird das Thema Strategie zu komplex und zu verwirrend betrieben – insbesondere für den Mittelstand.

STRATEGIE BRAUCHT WAHRNEHMUNG

In einer immer globaler werdenden Wirtschaft mit unüberblickbarer Auswahl geht es nicht mehr um Qualität, Service, Kunden oder Produkteigenschaften. Es geht um die Wahrnehmung der Kunden. Es geht um die Positionierung im Gedächtnis der Kunden. Das Gedächtnis der Kunden ist der Engpass. Dort werden die Kaufentscheidungen getroffen: Im Business-to-Business- und im Business-to-Consumer-Geschäft.

EIN SCHWENK IN DER STRATEGIE

Heute hat jedes Unternehmen eine kundenorientierte Strategie. Aber das Problem sind nicht die Kunden, sondern die Konkurrenten. Selbst Red Bull hat kein Problem mit Kunden, sondern mit Konkurrenten. Und davon gibt es inzwischen über 350. Red Bull hatte das Privileg, erster Energydrink der Welt zu sein. Das macht den Unterschied.

STRATEGIE IST KONKURRENZKAMPF

DU SOLLST NICHT ZU OFT MIT EINEM
FEIND KÄMPFEN, SONST LEHRST DU
IHN ALL DEINE KUNST DER KRIEGS-
FÜHRUNG.

NAPOLEON BONAPARTE

ACHTUNG FALLE !

DIE KAMPFGEISTFALLE:

KEIN ODER FALSCHER KAMPFGEIST

Oft gehen die Emotionen hoch, wenn etwas Unerwartetes
geschieht. Wir sind in den seltensten Fällen darauf vorbereitet
und reagieren unbedacht. Wir schlagen zurück – meist blind und
mit negativen Folgen.

Betrachten Sie die Wirtschaft als Kampf von Unternehmen um
Kunden.

Wo lernen wir heute kämpfen? Wer lehrt uns mit Widerstand
umzugehen? Ich kenne kein Studienprogramm, in dem diese Dis-
ziplin gelehrt wird.

Bereiten Sie sich darauf vor! Lernen Sie wieder, sich für Ihre Idee
einzusetzen! Werden Sie schlagfertig, gewandt, scheuen Sie sich
nicht vor Konflikten und haben Sie keine Angst! Haben wir
schon verlernt, unbeirrt unser Ziel anzusteuern? Sind wir satt
und faul? Manchmal könnte ich den Eindruck gewinnen: JA. Sie
sollten aber einige wichtige Regeln beherzigen. Und Sie sollten
die Taktik beherrschen.

Aus militärischen Strategien und Taktiken können wir interes-
sante Erkenntnisse darüber gewinnen, wann welche Strategie
und welche Taktik zum Erfolg gegen welche Gegner führen.

WERDEN SIE KONKURRENZORIENTIERT

Studieren Sie jede Kleinigkeit. Finden Sie die Schwachstellen heraus. Dann lancieren Sie eine Strategie, die an der größten Schwachstelle ansetzt.

Sie sollten wissen, wann Sie verteidigen, angreifen, flankieren oder wann sie sich wie ein Guerilla verhalten sollen.

Erkenntnisse, wie man militärische Strategien in der Wirtschaft gegen den Mitbewerb einsetzt, sind deshalb lehrreich, da heute neue Ideen sehr schwierig im Markt zu implementieren sind und viele Unternehmen vor der Frage stehen, wie sie sich positionieren und dabei den Mitbewerb repositionieren können.

Bei einer militärischen Auseinandersetzung geht die eigene Armee gegen die feindliche Armee vor, um Terrain zu gewinnen.

In der Wirtschaft versucht ein Unternehmen einem Mitbewerber Kunden wegzunehmen.

General Carl von Clausewitz hat 2.500 Jahre Kriegsgeschichte studiert und die Erkenntnisse niedergeschrieben. Hier sind die wichtigsten *vier Strategieformen* mit Implikationen für Unternehmen in hart umkämpften Märkten in Kurzform.

DAS STRATEGISCHE QUADRAT

VERTEIDIGUNGS-STRATEGIE	**ANGRIFFS-STRATEGIE**
FLANKIERUNGS-STRATEGIE	**GUERRILLA-STRATEGIE**

Prinzipien der Verteidigungsstrategie

Der Staatsmann, der zögert, obwohl er erkennt, dass Krieg nicht vermeidbar ist, macht sich eines Verbrechens an seinem eigenen Land schuldig.

Carl von Clausewitz (1780–1831)
Preussischer Militärstratege

▸▸ *Verteidigungsprinzip No. 1* – Nur Marktführer sollten verteidigen.

▸▸ *Verteidigungsprinzip No. 2* – Die beste Verteidigungsstrategie ist die, sich selbst anzugreifen.

▸▸ *Verteidigungsprinzip No. 3* – Starke Mitbewerbs-Aktivitäten sollten immer blockiert werden.

Kein Unternehmen hat dies besser vorexerziert als Gillette. Zuerst brachte Gillette den 2-Klingen-Rasierer, dann den Gillette Sensor, den Gillette Sensor Excel und schließlich den Mach 3, den ersten Rasierer mit drei Klingen. Gillette hat stets die neuesten technologischen Möglichkeiten für sich genutzt und so die Führungsposition bei Rasierklingen erfolgreich verteidigt. Die Entwicklung des Mach 3 war erst durch Einsatz der Lasertechnologie in der Produktion möglich. Und Gillette hat nicht gekleckert, sondern in die Entwicklung des Mach 3 den Betrag von $ 750 Millionen investiert. Auf der anderen Seite hat Gillette seinerzeit Bic erfolgreich mit dem Wegwerfrasierer blockiert. Bic wollte Gillette das Geschäft mit den Rasierklingen abjagen. Gillette konterte mit dem „Gillette Good News".

Als Wilkinson vor kurzem den 4-Klingen-Rasierer vorstellte, brachte Gillette den Mach 3 Turbo und den Mach 3 Power auf den Markt. Seit 2006 gibt es den ersten 5-Klingen-Rasierer „*Fusion*". Gillette hat rasch und richtig reagiert und sich den Markt für Rasierklingen gesichert. Gillette hat heute über 65% Weltmarktanteil. Das nennen wir Marktführerschaft.

Sie sollten einen Mitbewerber nicht in Ihr Segment eindringen lassen. Denn wenn Sie die Marktführerschaft einmal verloren haben, sind die Chancen gering, dass Sie Ihr Geschäft wieder zurückbekommen.

PRINZIPIEN DER ANGRIFFSSTRATEGIE

> WENN EINE ABSOLUTE ÜBERLEGEN-
> HEIT NICHT ERZIELBAR IST, DANN
> SOLLTEN SIE AM ENTSCHEIDENDEN
> PUNKT EINE RELATIVE ENTWICKELN,
> INDEM SIE EINSETZEN, WAS SIE
> HABEN.
>
> CARL VON CLAUSEWITZ (1780–1831)
> PREUSSISCHER MILITÄRSTRATEGE

Angriff ist eine Sache für Marken und Unternehmen auf den Plätzen zwei und drei in einem Segment.

▸▸ *Prinzip der Angriffsstrategie No. 1* – Das Hauptaugenmerk gilt der Stärke des Marktführers.
Vermeiden Sie jedoch immer, diese Stärken anzugreifen. Angriffe sollten Sie nur am schwächsten Punkt durchführen.

▸▸ *Prinzip der Angriffsstrategie No. 2* – Finden Sie eine Schwäche in der Stärke des Mitbewerbs und greifen Sie an diesem Punkt an.

▸▸ *Prinzip der Angriffsstrategie No. 3* – Führen Sie den Angriff an einer möglichst kleinen Front durch.

DER KAMPF GEGEN VERSCHWITZTE FÜSSE

Wer gedacht hat, dass bei Schuhen schon alles erfunden gewesen wäre, irrte. GEOX, der Schuh der atmet, hat der Schuhindustrie gezeigt, wie es geht.

Gab es doch schon Schuhe mit Goretex, damit keine Nässe von außen nach innen gelangen kann. So hat GEOX ein ganz einfaches, aber uraltes Problem erkannt – Schweiß im Schuh – und bietet eine Lösung an: eine Membran, die Feuchtigkeit nach außen lässt. Drei weltweite Patente sichern einen technologischen Vorsprung. Durch konsequentes und integriertes Marketing wird bei jeder sich bietenden Gelegenheit darüber gesprochen, dass feuchte Füße Geschichte sind. In einer kleinen Broschüre steht, dass der menschliche Fuß pro Jahr bis zu 150 Liter Flüssigkeit abgibt. Wollen Sie eine Badewanne voll Fußschweiß in Ihren Schuhen? Nein. Auf dem Schuhkarton, auf Ladendisplays, Inseraten, im Internet, überall ist ein Schuh zu sehen, der den Dampf rauslässt. Auf dem Seidenpapier, in das die Schuhe eingepackt werden, sind die drei Patente in Transparentdruck abgedruckt. Und für Kinder werden eigene Comic-Geschichten gemacht. Die „Stinkis" werden aus GEOX-Schuhen verjagt. Das nennen wir gutes integriertes Marketing.

In zehn Jahren hat GEOX es geschafft, in mehr als 60 Ländern der Erde über 400 Millionen Euro Jahresumsatz zu erwirtschaften.

PRINZIPIEN DER FLANKENSTRATEGIE

Die innovativste Form ist die Flankierung. In letzter Zeit sind die meisten der großen Erfolge auf Flankenstrategien zurückzuführen.

▸▸ *Prinzip der Flankenstrategie No. 1* – Eine Flankenbewegung ist eine, die in unbestrittenes Gelände führt.

▸▸ *Prinzip der Flankenstrategie No. 2* – Taktische Überraschung sollte ein wichtiges Element des Planes sein.

▸▸ *Prinzip der Flankenstrategie No. 3* – Verfolgung ist so wichtig wie der Angriff selbst.

Eines der wichtigsten Elemente für den Erfolg einer Flankenstrategie ist, dass Sie Ihr Ziel vor dem Gegner erreichen. Flankenbewegungen sind kühne Schläge mit unüblichen Mitteln. Dabei sind auch große Erfolge möglich.

BEGRÄBNIS PER INTERNET

Es ist ein trauriges Ereignis, wenn jemand stirbt, und der Gang zum Bestattungsunternehmen ist schrecklich. Ein unbeirrbarer Unternehmer hatte die Idee, Begräbnisse über Internet zu verkaufen. Nach anfänglichen gewerblichen Hindernissen erhielt er die Gewerbeberechtigung und verkauft seither sehr erfolgreich Begräbnis-Services über www.pax.at. Pax (Pax = lateinisch für Friede) ist ein hervorragender Name für diese Dienstleistung.

FLANKIERUNG MIT NIEDRIGEN PREISEN

Aldi ist der Pionier im Lebensmittel-Diskont. So wie Southwest Airlines steht auch hier eine nicht vergleichbare, sehr einfache Organisations- und Unternehmensstruktur dahinter. Die Eigentümer zählen heute zu den vermögendsten Privatpersonen Deutschlands.

Zara, Mango und H&M erschütterten den Bekleidungseinzelhandel und die Bekleidungsindustrie mit beinahe unglaublich niedrigen Preisen. Auch hier liegt der Vorteil in der Beschaffungsorganisation und in der Struktur des Unternehmens.

FLANKIERUNG MIT HOHEN PREISEN

Laura Chavin ist die beste und teuerste Zigarre der Welt

Der Laura-Chavin-Schöpfer Helmuth Bührle (ein Schwabe) soll auf Kuba „unverschnittenen Havanna-Samen" entdeckt haben, der so rein war wie vor 30 Jahren.

Selbstverständlich durfte dieser einzigartige Ur-Tabak nur auf heimischem Boden gedeihen. Ein geheimes Feld soll für die besten Bedingungen mit viel karibischer Sonne und gesicherter Mineralien- und Feuchtigkeitszufuhr gesorgt haben. Nach fünf Monaten Wachstumsperiode und unermüdlicher Handarbeit sei die Ernte in die Dominikanische Republik verschifft worden. Dort fermentierten die Blätter unter vollständiger Kontrolle des Hauses Laura Chavin fünfmal statt wie üblich nur zweimal.

Das perfekte Rohmaterial wurde nur den allerbesten Torcedores mit einer Erfahrung von mindestens zehn Jahren anvertraut. Sie beherrschten die spezielle Rolltechnik, die Schöpfer Helmuth Bührle persönlich optimiert hatte, um das Brennverhalten und die Aromenentwicklung nochmals zu steigern. Das war's? Weit gefehlt. Dem Märchen zufolge ist Bührle nicht nur ein Virtuose, sondern vor allem Perfektionist bis ins kleinste Detail. So reift das braune Gold nochmals mehrere Monate im eigenen Jagdschloss. Erst dann sei die „Terre de Mythe" endlich gut genug für die sensiblen Geschmacksnerven der anspruchsvollen Kundschaft. Heute gilt Laura Chavin in Expertenkreisen als die beste Zigarre der Welt.

Eine „Terre de Mythe Toro" wechselt in der 50er-Kiste um die Kleinigkeit von 1.250.– Euro den Besitzer.

Mit der Naturholz-Design-Flanke zur internationalen Premium Marke

Anders als die anderen Möbelhersteller hat sich TEAM 7 als internationale Premium Marke für zeitgenössisches Möbeldesign mit Naturholz positioniert. Der Slogan ist: „Design trifft Natur", also ganz klar und einfach.

Der Eigentümer hat eine klare Strategie, die auf Design, Individualität, Service, Ökologie und handwerklicher Verarbeitung basiert. Diese Strategie wird klar und konsequent kommuniziert und brachte TEAM 7 zahlreiche internationale Design-Preise. Dahinter steht eine eigene Design-Philosophie, die Design-Plus-Philosophie. Sie hat folgende Punkte als Leitlinie:

1. Sinnliches Natur-Holz
2. Echte Handwerks-Qualität
3. Individuelle Planung
4. Hohe Funktionalität
5. Vollendete Ergonomie

Der Naturholzspezialist bietet selbst Maßanfertigung in Losgröße Eins an und stellt anspruchsvolle Kunden zufrieden. TEAM 7-Händler können gute Umsatzzuwächse erzielen. Mit der Möbelmanufaktur haben sie einen Partner gefunden, der sie aus dem Abwärtssog der Preisspirale führt und ihnen jenseits von Rabattschlachten schlagkräftige Argumente liefert. Unverwechselbar, ehrlich, individuell, schönstes, klares Design – wer Werte produziert, muss der Karawane gen Osten oder Asien nicht folgen.

Halten Sie Ihre Marke fokussiert und denken Sie darüber nach, wo Sie Ihr Produkt noch überall verkaufen können oder welche Anwendungen mit Ihrer Idee noch realisiert werden können.

PRINZIPIEN DER GUERRILLASTRATEGIE

> DER FEIND RÜCKT AN, WIR ZIEHEN UNS ZURÜCK. DER FEIND LAGERT, WIR BELÄSTIGEN IHN. DER FEIND WIRD MÜDE, WIR GREIFEN AN. DER FEIND ZIEHT SICH ZURÜCK, WIR VERFOLGEN IHN.
>
> MAO TSE-TUNG

▶▶ *Prinzip der Guerillastrategie No. 1* – Finden Sie ein Marktsegment, das klein genug ist, um es zu verteidigen.

▶▶ *Prinzip der Guerillastrategie No. 2* – Egal, wie erfolgreich Sie werden, handeln Sie niemals wie ein Marktführer.

▶▶ *Prinzip der Guerillastrategie No. 3* – Bleiben Sie flexibel. Seien Sie auf einen sofortigen Rückzug gefasst.

Die meisten Teilnehmer im Kampf um die Plätze sollten Guerillas sein. Kleine Unternehmen können sehr erfolgreich sein, solange sie nicht versuchen, den Großen ihrer Branche nachzueifern.

Sehr erfolgreich agieren Unternehmen, die aus vielen kleinen lokalen Guerillas bestehen. Das sind z. B. Franchiseorganisationen. Starbucks bedient sich dieser Strategie sehr erfolgreich und hat mit einer einfachen Idee, dem Verkauf von ausschließlich Kaffee, ein Imperium aufgebaut.

DER MANUTRONIC AUTOMATION GUERRILLA

Ein Spezialmaschinenhersteller hat sich auf ein kleines, aber interessantes Segment spezialisiert: die Integration von manuellen Fertigungsinseln in computergesteuerten Produktionsanlagen.

Mittels Manutronik werden Schaumrollen gerollt, Cremeschnitten geschnitten und Mozartkugeln mit dem Antlitz unseres Jubilars W.A. Mozart nach oben in die Schachtel gelegt.

ALLES IM KRIEG IST EINFACH, ABER DIE EINFACHSTE SACHE IST SCHWIERIG.

CARL VON CLAUSEWITZ (1780–1831)
PREUSSISCHER MILITÄRSTRATEGE

Sie sollten die Prinzipien der Kriegsführung verstehen. Es geht nicht darum, immer zu kämpfen, um zu siegen. Es geht darum, sich gegenüber Ihren relevanten Mitbewerbern langfristig zu positionieren.

▶▶ Seien Sie also kühn.
▶▶ Beweisen Sie Mut.
▶▶ Bleiben Sie flexibel.
▶▶ Kennen Sie die Fakten.
▶▶ Viel Glück!

> DIE GRÖSSTE LEISTUNG EINER GUTEN STRATEGIE BESTEHT DARIN, DEN WIDERSTAND DES FEINDES ZU BRECHEN, OHNE ZU KÄMPFEN.
>
> SUN TSU, CHIN. GENERAL, 2500 V. CHR.

TAKTIK UND STRATEGIE

Ein revolutionärer Ansatz ist folgender:

Strategie sollte nicht top-down, sondern bottom-up entwickelt werden. Eine Strategie sollte aus profunder Kenntnis des Geschäfts in einem bestimmten Segment entstehen. Sie müssen wissen, wie das Geschäft funktioniert.

Die Taktik sollte die Strategie bestimmen.

Kommunikationstaktik sollte die Marketingstrategie bestimmen. Die meisten Marketingleute tun das Gegenteil.

Die weit verbreitete Ansicht ist, dass zuerst die große Strategie des Unternehmens festgelegt wird; dann kann die Taktik folgen. Das ist deshalb so, weil Manager von ihren Ideen besessen sind. Aber was sind langfristige Pläne außer einer sorgfältigen Beschreibung dessen, wo Manager ihr Unternehmen in 5 oder 10 Jahren sehen?

Wenn Sie in der Strategie den Schwerpunkt auf die Zielsetzungen legen oder darauf, wo Sie in einigen Jahren sein wollen, dann begehen Sie einen der beiden Kardinalfehler in der Wirtschaft: (1) die Weigerung, Fehler zu akzeptieren, und (2) es sich zu leisten, Erfolge nicht zu verwerten. Das wird Top-down-Denken genannt.

WAS IST EINE TAKTIK?

Eine Taktik ist eine Idee. Wenn Sie nach einer Taktik suchen, suchen Sie nach einer Idee.

Aber die Gedanken über eine Idee sind noch unklar. Welche Art von Idee? Wo finde ich eine Idee? Das sind die anfänglichen Fragen, die beantwortet werden müssen.

Versuchen Sie es so: Eine Taktik ist ein wettbewerbsorientierter mentaler Blickwinkel.

Eine Taktik muss einen wettbewerbsorientierten Blickwinkel haben, um erfolgreich zu sein. Es muss nicht ein besseres Produkt oder eine bessere Dienstleistung sein, aber es braucht ein differenzierendes Element. Es kann kleiner, größer, leichter, schwerer, billiger oder teurer sein. Es könnte ein Distributionssystem sein. Und: Die Taktik muss im gesamten Umfeld der Branche konkurrenzfähig sein, nicht nur gegenüber ein oder zwei Produkten oder Dienstleistungen.

Ein wettbewerbsorientierter Blickwinkel im Gedächtnis ermöglicht Ihrem Marketingprogramm Erfolg.

Aber eine Taktik ist nicht genug. Sie sollten die Taktik zur Strategie machen. Sie brauchen beides, um eine Position im Gedächtnis der Kunden zu etablieren.

WAS IST EINE STRATEGIE?

Eine Strategie ist kein Ziel. Wie das Leben selbst, sollte eine Strategie auf den Weg und nicht auf das Ziel fokussiert sein.

Top-down-Denker sind zielorientiert. Sie denken zuerst, was sie erreichen wollen, und dann denken sie über Mittel und Wege nach, die Ziele zu erreichen.

Aber die meisten Ziele sind unerreichbar. Ziele zu setzen endet meist in Frustration. Marketing und Politik sind die Kunst des Möglichen.

Nach dieser Definition ist eine Strategie kein Ziel. Es ist eine schlüssige Stoßrichtung im Marketing.

Eine Strategie ist schlüssig, wenn sie auf eine ausgewählte Taktik fokussiert ist. Eine Strategie umfasst schlüssige Marketingaktivitäten: Produkte, Preise, Distribution, Werbung. Alle Aktivitäten, die einen Marketing-Mix ausmachen, müssen konsequent auf die Taktik fokussiert sein.

Die sicherste Strategie im Marketing ist es, die Taktik schnellstmöglich auszunützen. Gewinner geben die Geschwindigkeit vor.

TAKTIK VERSUS STRATEGIE

Eine Taktik ist eine einzelne Idee oder ein Blickwinkel. Eine Strategie hat viele Elemente, die alle auf die Taktik fokussiert sind. Eine Taktik ist zeitunabhängig. Eine Strategie entfaltet sich im Laufe der Zeit. Eine Taktik ist ein Wettbewerbsvorteil. Eine Strategie ist dazu da, diesen Wettbewerbsvorteil zu erhalten. Eine Taktik ist nicht abhängig von Produkt, Dienstleistung oder dem Unternehmen. Sie kann auch ein Produkt betreffen, das das eigene Unternehmen gar nicht herstellt.

Eine Taktik ist kommunikationsorientiert. Eine Strategie ist produkt-, dienstleistungs- oder unternehmensorientiert. Das Prinzip von Bottom-up-Marketing ist einfach. Sie arbeiten zuerst vom Spezifischen zum Generellen, von kurzfristigen zu langfristigen Aspekten. Finden Sie eine Taktik und machen Sie daraus eine langfristige Strategie. Verwenden Sie nur eine Taktik, nicht zwei, drei oder vier.

Allgemein gesagt ist eine Taktik etwas, worin Sie im Vergleich zur Konkurrenz sehr gut sind.

DER PUNKT IST!

Sie sollten Ihre Gegner kennen.
Vermeiden Sie ihre Stärken.
Nutzen Sie ihre Schwächen.

AUF DIE REIHENFOLGE KOMMT ES AN

ACHTUNG FALLE!

DIE CORPORATE-DESIGN-FALLE

Was ist meist die erste Marketing-Entscheidung, die Gründer treffen? Entschieden wird, wie das Logo und die Visitenkarte aussehen sollen und welchen emotionalen Slogan man verwenden will. Bevor über Strategie, Marketing, Preise, Produkte, Service und eine Positionierung nachgedacht wird – und warum Kunden bei diesem Unternehmen und nicht bei der Konkurrenz kaufen sollen.

DIE RICHTIGE REIHENFOLGE

Basis großer Erfolge ist die zentrale Idee. Etwas Neues, das es bisher nicht gab. Etwas Besseres, das ein ganz klares, latentes Problem löst. Oder etwas anderes, für das man bereit ist zu wechseln.

In jedem Fall ist es entscheidend, zuerst daran zu arbeiten, wie man sich von der Konkurrenz differenzieren kann. Dazu müssen Sie Ihre relevante Konkurrenz kennen und genau analysieren. Markenname und Slogan sollten aus dieser differenzierenden Idee heraus entwickelt werden und die Positionierung verstärken und klar kommunizieren.

Erst dann sollten Sie über Vertriebskanäle, Preise, Marketing, Produkte, Services und die richtige Organisationsform, Mitarbeiter und Produktionsstandorte entscheiden. Nicht anders herum.

Erst dann können Sie die differenzierende Idee fixieren und in einem *Marketing-Drama* inszenieren und damit eine spannende Geschichte erzählen.

NICHT NUR DENKEN, SCHREIB'S AUF!

ACHTUNG FALLE!

DIE ALLES-IM-KOPF-FALLE

Die meisten Unternehmer haben ihre Strategie ganz genau im Kopf – gut. Aber nur ganz wenige bringen diese Strategie zu Papier und noch weniger sezten sie erfolgreich um. Laut der Untersuchung des Institutes für Unternehmensgründung der J. Kepler Universität Linz haben 27% der Gründer das Konzept im Kopf, ohne Details schriftlich fixiert zu haben. 25% haben einige Dinge schriftlich fixiert. Nur 27% entwickeln einen umfassenden Businessplan.

Schreiben Sie Ihre Strategie nieder und prüfen Sie kritisch, ob dies eine logische und konsequente Strategie ergibt. Wenn Sie Ihre Strategie niederschreiben, wählen Sie eine einfache und verständliche Gliederung.

Checkliste Fragen:

- ▸▸ Treffen Sie ein latentes Kundenbedürfnis und lösen Sie damit ein echtes Problem?
- ▸▸ Haben Sie eine differenzierende Idee? Oder haben Sie eine Idee nur geklaut?
- ▸▸ Was verkaufen Sie eigentlich?
- ▸▸ Wer sind Ihre potentiellen Kunden?
- ▸▸ Machen Sie Ihren Kunden Konkurrenz?
- ▸▸ Welche Regeln existieren in diesem Geschäft?
- ▸▸ Wer sind Ihre relevanten Konkurrenten?
- ▸▸ Was machen Ihre Konkurrenten besser, anders oder weniger gut?
- ▸▸ Können Sie Ihren Fokus so weit verengen, dass Sie Erster in einer neuen Kategorie werden können?
- ▸▸ Macht Ihnen das, was Sie tun, richtig Spaß?
- ▸▸ Bringen Sie den nötigen Enthusiasmus mit?
- ▸▸ Haben Sie finanzielle Reserven, um nicht mit dem Rücken zur Wand zu stehen?
- ▸▸ Kennen Sie sich in dieser Branche wirklich aus?

STRATEGIE STATT OPERATIVER HEKTIK

WHEN IN DOUBT OF WHAT IS RIGHT,
CONSULT YOUR PILLOW OVERNIGHT.

MEXICAN

Einfach drauflosarbeiten ist so einfach – und nur selten zielführend. Das Tagesgeschäft ist wichtig, aber vergessen Sie dabei nicht, wofür Sie das alles tun. Ich meine nicht die Familie, das liebe Geld oder die Selbstverwirklichung. Ich meine die *Unternehmensmission*, den Auftrag des Unternehmens, den Grund, warum Kunden bei Ihnen und nicht bei der Konkurrenz kaufen sollen.

Unternehmen gehen in täglichem Kleinkram unter und fragen sich oft nicht, was sie tun, wie sie es tun, mit wem, für wen oder wofür sie es tun. Sie füllen den Tag mit viel Arbeit.

Eine ehrliche Jungunternehmerin hat in einem Interview gestanden: „Es ist eine verdammte Knochenarbeit, diszipliniert zu arbeiten. Sonst ist es nicht zu schaffen."

Es gibt eine Fülle von Hilfen: elektronische, aus Papier, Assistenten, Kollegen, Bücher (*simplify your life* ist ein nettes Buch dafür). Aber um alles in der Welt, kommen Sie nicht damit: „Dazu habe ich jetzt keine Zeit." „Ich habe noch so viel zu erledigen."

Wenn Sie ein Unternehmen aufbauen, dann ist es Ihre Aufgabe, die Richtung vorzugeben. Stoppen Sie die Zeitdiebe, die Ideenräuber und die Bremser.

Sie haben keine Zeit, eine neue Idee zum Erfolg zu führen, wenn Sie keinen klaren Plan im Kopf haben. Sie müssen sich die Turnschuhe anziehen im globalen Wettlauf.

Globalisierung ist ein Geschwindigkeitswettbewerb.

Dazu eine kleine Geschichte:

Zwei Männer durchqueren die Wüste. Ein Löwe kommt auf sie zu. Da zieht der eine Turnschuhe an. Sagt der andere: „Das ist doch völliger Unsinn, was Du machst. Du bist ohnehin langsamer als der Löwe." Da antwortet der mit den Turnschuhen: „Nein, nein – ich muss ja nur schneller sein als Du."

Machen Sie Ihr Leben einfacher und konzentrieren Sie sich auf das Wesentliche. Wie entkommen Sie dem Löwen vor Ihrem Gegner? Und mit welcher Strategie kommen Sie erfolgreich durch die Wüste des tödlichen Wettbewerbs?

THERE ARE NO RULES HERE – WE'RE
TRYING TO ACCOMPLISH SOMETHING.

THOMAS A. EDISON

MANCHMAL IST TUN BESSER ALS NACHDENKEN

Der Systemtechniker Marco Peters (26) hat 2004 nach einer Schutzhülle für seinen iPod gesucht – vergeblich. Im Designbüro, in dem Peters arbeitet, nahm er sich ein Stück Filz mit und bat seine Freundin, dieses zu einem kleinen Beutel zusammenzunähen. Der erste PULL-i war fertig. Seinen Freunden gefielen diese Schutzhüllen und Peters verkaufte die ersten im August 2004 an Freunde, Kollegen und Bekannte. An kommerziellen Erfolg hat er nicht gedacht. Im September fing Peters an, seinen PULL-i im Internet zu verkaufen. Zwei Tage später hatte er 100 Bestellungen und 300 Anfragen. Nächte verbrachte er mit Zuschneiden, Nähen und Versenden. Freunde und Mütter halfen ihm dabei. Zum Oktoberfest entwarf er einen Spezial-PULL-i: eine graue Schutzhülle mit schmucker Edelweiß-Borte. Ein absoluter Verkaufsschlager. Dies war der Startschuss für Spezialserien: Wintertraum mit flauschigem Pelzkragen, rosa Valentin mit feinen Schleifchen für die Liebste. Zu Weihnachten bekam er den ersten Großauftrag von einem Architekturbüro, die diese PULL-is als Werbemittel an ihre Kunden verschenken wollten. Bis Jahresende hatte er 1.400 PULL-is zu einem Preis von je 10 Euro ausgeliefert. Er hat von Kalkulation nichts verstanden und zahlte pro PULL-i etwa 4 Euro drauf!

Ein Design-Ritterschlag ermutigte ihn zum Weitermachen. Seit Jänner 2005 wird der PULL-i in der größten Design-Sammlung Europas, „Die Neue Sammlung", in der Pinakothek der Moderne in München ausgestellt. Viele Medien berichteten davon – kostenlose Werbung, die sich schnell bezahlt machte ...

Und ein PULL-i für einen iPod kostet heute 14,50 Euro. Ein Angebot, um 35 Cent in China produzieren zu lassen, schlug er aus. Ebenso wie die Zusammenarbeit mit diversen Großhändlern. Er hätte plötzlich 100.000 Exemplare haben sollen, diese Produktion hätte er vorfinanzieren müssen. Außerdem möchte er kein gesichtsloses Massenprodukt herstellen.

Man kann die beliebte Schutzhülle in ausgewählten Designläden oder im Internet kaufen. Es gibt sie für unterschiedliche Geräte wie Handys, Digitalkameras und andere Kleingeräte. Auf Wunsch können die PULL-is auch mit Namen bestickt werden.

Ein Jahr nach seinem ersten – für eigene Zwecke bestimmten – PULL-i hatte er mehr als 35.000 Stück verkauft.

NIEMALS SEINE GEGNER UNTERSCHÄTZEN

ACHTUNG FALLE!

WIR HABEN KEINE KONKURRENZ

Die Konkurrenz keiner gründlichen Untersuchung zu unterziehen, kann das Todesurteil sein. Unterschätzen Sie die Konkurrenz nicht. Sie ist schneller, als Sie denken. Und meist haben Sie mehr Konkurrenz, als Ihnen lieb ist. In einer neuen Kategorie Erster zu sein, gelingt nicht immer.

IF THERE IS NO COMPETITION, THERE IS PROBABLY NO MARKET.

BRIAN WOOD,
VENTURE CAPITALIST

Zwei junge Techniker haben mir vor einigen Jahren von einem Staubsauger-Roboter erzählt, den sie patentieren ließen, da so ein Ding noch nicht existierte. Ich war gerade aus Amerika zurückgekehrt. Dort wollte ich mir über das Internet schon fast einen Saugroboter bestellen. Aber der Spannungsunterschied hatte mich abgehalten, da ich nicht wusste, ob man das Gerät auch in Europa nutzen kann. Der Preis: 299.–USD incl. Versand. Ich habe von den jungen Herrschaften nie wieder gehört, noch das Produkt gesehen.

In den meisten Businessplänen ist über Konkurrenz wenig bis nichts zu finden. Und wenn, dann wird wenig darüber ausgesagt, was ein Konkurrent gut, schlecht, schnell, langsam, schlau, dumm, besser oder innovativer macht.

Mein Credo: Sie sollten Ihre Konkurrenten besser kennen als Ihr eigenes Unternehmen – insbesondere die Strategien Ihrer relevanten Konkurrenten. Nun, das geht nicht, denn Sie schreiben ja nicht die Strategien Ihrer Konkurrenten. Aber Sie verstehen, was ich meine. Wenn Sie Ihre Konkurrenz nicht kennen, dann wissen Sie nicht, gegen wen Sie in den Ring steigen, und sind überrascht, wenn Sie in der ersten Runde k.o. gehen.

Mein Lieblingskapitel in Sun Tsu's Buch – Die Kunst des Krieges – ist der Einsatz von Spionen. Man soll nicht gegen Gesetze verstoßen, aber Sie sollten Ihre Kontrahenten kennen. Wie können Sie sonst angreifen, verteidigen, überholen oder den Unterschied erklären, der Sie zur besseren Wahl macht?

DER PUNKT IST!   In einer Wirtschaft voller Wettbewerb überleben Sie nur mit einer guten Strategie.

2. STRATEGISCHE POSITIONIERUNG

> POSITIONIERUNG IST DAS REVOLU-
> TIONÄRSTE KONZEPT UND EIN MÄCHTI-
> GES TOOL FÜR DIE ENTWICKLUNG
> UND LANGFRISTIGE UMSETZUNG EINER
> WIRKLICHEN DIFFERENZIERUNG AM
> MARKT.
>
> PHILIP KOTLER, PH.D.
> KELLOGG GRADUATE SCHOOL OF MANAGEMENT

Positionierung ist ein Thema, das uns in der Wirtschaft so intensiv beschäftigt, wie kaum ein anderes. Es gibt viele verschiedene Ansätze. Von wissenschaftlicher Seite nähert man sich über den Ansatz der typologischen Psychologie bzw. über die Feldtheorie und mehrdimensionale Einstellungsmodelle – also komplexe Modelle.

Einhellig ist die Meinung darüber, dass Positionierung die Schlüsselentscheidung im Marketing ist. Mehrheitlich sind sich namhafte Experten einig, dass unter dem modernen Begriff Positionierung gemeint ist, dass die Marke im Kopf des Kunden mit einem einzigartigen Inhalt verbunden sein muss.

Positionierung wird im Wörterbuch definiert als: Das Finden der vorteilhaftesten Position gegenüber der Konkurrenz.

Die Definition für die Wirtschaft:

POSITIONIERUNG IST, WIE SIE SICH IM
GEDÄCHTNIS DER KUNDEN DIFFERENZIEREN.

GUTE STRATEGIEN DREHEN SICH HEUTE AUSSCHLIESSLICH UM DIFFERENZIERUNG.

JACK TROUT

DER STRATEGIEPROZESS

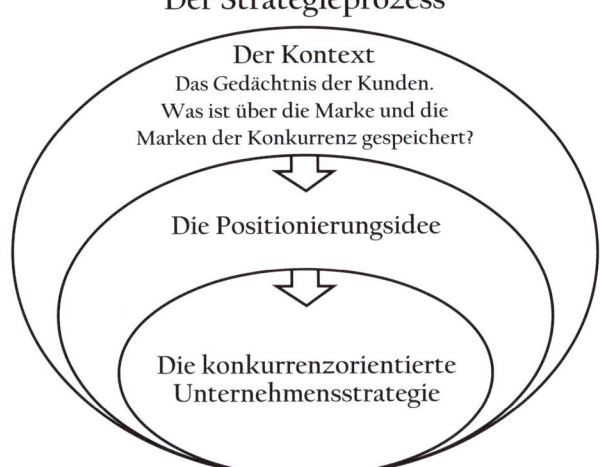

Der Strategieprozess

Der Kontext
Das Gedächtnis der Kunden.
Was ist über die Marke und die
Marken der Konkurrenz gespeichert?

Die Positionierungsidee

Die konkurrenzorientierte
Unternehmensstrategie

Positionierung ist das Herz jeder Marketing- und Unternehmensstrategie. Sie gibt die strategische Stoßrichtung für das gesamte Unternehmen vor, an der sich alle Funktionen des Unternehmens orientieren sollen. Positionierung ist das Bindeglied zwischen Unternehmensstrategie, Marketing-Strategie und Vertrieb. Wenn diese drei Bereiche nicht über *eine differenzierende Positionierungsidee* verbunden sind, dann, so zeigen es jüngste Studien, wird bis zu 80% des Marketingbudgets wirkungslos ausgegeben.

Eine oft verwendete Analogie zur Musik:

Jeder und alles im Unternehmen ist Bestandteil im Unternehmensorchester, vom Notenständer bis zum Dirigenten. Eine Partitur (ein Satz

Noten) enthält verschiedene Stimmen – für jedes Instrument eine. Dabei ist jede Unterstimme so wichtig wie die Hauptstimme.

Ein Satz wird nur dann zum musikalischen Genuss, wenn jede einzelne Stimme ihren bestmöglichen Beitrag leistet. Ein Orchester wird nur dann Weltruf erlangen, wenn erstens der ganze Satz gespielt wird, zweitens jede Stimme bei der Vorstellung genau ihre Stimme spielt und der Dirigent versteht, den Satz bei jeder Vorstellung aufs Neue zu orchestrieren (manche Spieler wechseln zu einem anderen Orchester). Sonst fällt die Vorstellung durch.

WAS PASSIERT, WENN DER WETTBEWERB GLOBAL WIRD?

Wenn Ihr Unternehmen, Ihr Produkt oder Ihre Dienstleistung im Gedächtnis der Konsumenten keine differenzierte Positionierung haben, dann existieren Sie einfach nicht. Ihr Geschäft wird sterben. Deshalb ist heute das wichtigste Wort in der Wirtschaft: **Differenzierung.**

Das ist nichts Neues für die erfolgreichsten Unternehmen der Welt. Wenn sie das nicht schon lange erkannt hätten, dann hätte sie der Mitbewerb schon übernommen oder aus dem Markt gedrängt.

Differenzierung ist heute die einzige Möglichkeit, sich in Märkten mit intensivem Wettbewerb im Gedächtnis der Kunden zu positionieren.

Warum ist es wichtig, Strategien wettbewerbsorientiert und aus der Sicht der Kunden zu entwickeln? Wir haben heute eine neue Verteilung der treibenden Kräfte.

Die Machtverhältnisse haben sich von der Politik auf die Wirtschaft verlagert. Das sind die Akteure, das ist der Hauptfaktor für den globalen Wettbewerb. Schauen wir uns den Markt für Mobiltelefone an. Nokia, Ericsson und Motorola

sind die drei dominanten Anbieter und teilen sich diesen
Markt praktisch auf. Siemens als globale Nummer 4 hat die
Handy-Sparte verkauft, weil sie große Verluste machte.

Die Qual der Wahl

Was diesen Kampf der Marken so hart macht, ist die Qual der
Wahl in den angebotenen Produktkategorien. In den USA
gibt es 180 Marken Hundefutter, 134 Marken Erkältungsmit-
tel und 50 Marken Wasser, sogar von den Fidschi-Inseln und
aus Polen. Wie wollen Sie aus all diesen Marken eine Auswahl
treffen? Es ist fast unmöglich.

Sehen Sie sich die Explosion der Auswahlmöglichkeiten in
den USA einmal an:

	frühe 70er	späte 90er
Automarken	140	260
Fahrzeugtypen	654	1.121
Geländewagentypen	8	38
PC-Modelle	0	400
Vergnügungsparks	362	1.174
Hautpflegeprodukte	198	1.202
Kontaktlinsen	1	36
Laufschuhmodelle	5	285
McDonald's Menüartikel	13	43
Softwaretitel	0	250.000
Websites	0	4.757.894

Ende 2006 gab es weltweit über 100 Millionen Webseiten.

Warum kommt es dazu? Die Entwicklung von einzelnen Segmenten in der Wirtschaft folgt dem Prinzip der Teilung von Produktkategorien. Im Laufe der Zeit teilt sich eine Kategorie und es werden daraus zwei oder mehrere Kategorien. Und die Anzahl der angebotenen Artikel und Marken nimmt zu. (Computer, Mainframes, Minicomputer, Desk Top Computer, Lap Tops)

Das Problem ist, dass viele Unternehmen die Notwendigkeit der Differenzierung noch immer nicht erkannt haben. Sie ziehen mit besserer Qualität und besseren Kundenbindungsprogrammen los (dazu gleich etwas ausführlicher). Viele Unternehmen erkennen die Notwendigkeit, aber wissen nicht, wie sie es umsetzen können.

Das Geschäft dreht sich heute oft darum, dass Unternehmen glauben:

▶▶ „Alles was wir brauchen, ist ein niedriger Preis."

▶▶ „Wir müssen unsere Kunden kennen und lieben."

▶▶ „Was Kunden wollen, brauchen wir im Sortiment."

Also die Alles-für-jeden-Strategie. Nur, damit schafft man keine Differenzierung.

DIFFERENZIERUNG ÜBER DEN PREIS IST EINE FALLE

ACHTUNG FALLE!

DIE PREISFALLE

Publius Syrus schrieb im 1. Jhdt. v. Chr.: „Ein Ding ist so viel wert, so viel der Kunde zu zahlen bereit ist."

Das trifft es auf den Punkt. Aber: *Der Preis alleine ist eine Falle.* Jeder Manager besitzt einen roten Stift. Mit dem kann er jederzeit den Preis reduzieren, wenn ein Mitbewerber zuvor den Preis reduziert hat. Nur: Sie wissen nicht, wie viele Preisreduktionen noch folgen werden. Diese Strategie führt daher nur unter bestimmten Bedingungen zum Erfolg. Wenn Sie keinen Unterschied anbieten, wegen dem Kunden bei Ihnen kaufen sollen, dann brauchen Sie einen niedrigeren Preis – oft einen verdammt niedrigen Preis – und die passende Kosten- und Unternehmensstruktur.

Das berühmteste Beispiel kennen wir alle aus dem Internet, „Cybersqueeze" genannt. Scheinbar gibt es dort alles gratis. „Registrieren Sie sich und wir schenken Ihnen einen Computer." Warum ist das so? Sie wollen möglichst viele Besucher auf die Seite bringen und dann Werbung verkaufen. Nur: Das Internet ist ein miserables Werbemedium. Niemand will sich bei dem, was er gerade am Computer macht, unterbrechen lassen. Die Leute installieren eigene Software, um von der Werbung verschont zu bleiben.

Southwest Airlines – eine Billigflug-Story

Sie können mit dem Preis agieren, aber der Preisvorteil muss auf einer passenden Struktur beruhen.

So wie heute Ryanair, Air-Berlin etc. das europäische Fluggeschäft revolutionieren, hat das Southwest Airlines schon vor mehr als dreißig Jahren in den USA begonnen. Es war also nur eine Frage der Zeit, bis diese Strategie auch in Europa umgesetzt würde.

Southwest ist seit vielen Jahren die erfolgreichste Fluglinie in den USA. Sie erwirtschaftet doppelt so hohe Gewinne wie der Durchschnitt der Branche und kann über viele Jahre zweistellige Wachstumsraten vorweisen.

Und sie erreichte diese Ergebnisse nur, weil die Strategie eine völlig andere war. Herb Kelleher, der legendäre CEO (Chief Executive Officer), hat es so ausgedrückt: „Seien Sie anders." Und Southwest ist anders als die anderen Fluglinien. Southwest fliegt nur mit einer Flugzeugtype. Das spart Personalkosten, Trainingskosten sowie Kosten für Wartung, Service und Ersatzteilhaltung. Jeder Mitarbeiter kann auf jedem Flug eingesetzt werden.

Kein schlechtes Essen, genauer: gar kein Essen. Southwest wirbt damit, dass das ersparte Geld nach der Landung für einen Besuch im Gourmet-Restaurant reicht. Und was ist einfacher und billiger, als gar kein Essen an Bord zu bringen?

Keine zugewiesenen Sitzplätze. Keine Diskussion um die Sitzplätze. Nur wiederverwendbare, scheckkartengroße Boardingpässe. Einsteigen und pünktlich ankommen. Kein aufwendiges Reservierungssystem. All das spart Geld.

Kein Anfliegen von Knotenpunkten. Flüge gehen direkt dorthin, wohin Sie wollen, nicht wo die Fluglinie Flugzeuge wechseln will. Und die kürzeste Strecke zu fliegen spart Zeit und Treibstoff. So einfach ist das.

Southwest fliegt kleine nicht so frequentierte Flughäfen an, in denen die Landegebühren niedriger, die Zeiten bis zum Gate und wieder zurück in die Luft kürzer sind. Southwest schafft den „Turnaround" der Flugzeuge (Ankunft am Gate bis zum Verlassen) in durchschnittlich 15 Minuten. United Airlines und Continental Airlines benötigten damals 35 Minuten. Geld verdient man in der Luft, nicht am Boden. Flugbegleiter und Piloten helfen, das Flugzeug zu reinigen, oder checken die Passagiere ein. Im Jahr 1993 hatte Southwest durchschnittlich 81 Beschäftigte je Flugzeug, während der Branchendurchschnitt 130 Beschäftigte je Flugzeug hatte. Southwest bediente 2443 Passagiere pro Mitarbeiter, während der Branchendurchschnitt 840 Passagiere schaffte.

Diese strukturellen Maßnahmen versetzen Southwest in die Lage, die niedrigsten Kosten je verfügbarer Sitzmeile zu erreichen. Das ist vom Mitbewerb nicht so einfach zu kopieren. Bei anderen Fluglinien wird Service und Essen seit jeher angeboten und auch weiterhin erwartet. Daher ist es nicht so einfach, dieses zu streichen. Und wenn, dann reicht es noch lange nicht, um Southwest zu schlagen.

Zeitgemäß interpretiert heißt das Zitat von Syrus: **„Ein Ding ist soviel wert, soviel der Kunde bereit ist für den spezifischen Unterschied zu bezahlen."**

Es geht also um Differenzierung. Sigmund Freud hat es so formuliert: „Der Mensch spürt nur den Unterschied." Darum sollten wir den Menschen auch den Unterschied erklären. In ganz einfachen Worten, am besten mit Worten aus dem täglichen Sprachgebrauch der Zielgruppe.

Der Preis ist kein Ausweg

Der Preis wurde in Europa durch die Ostöffnung und die Lockerung, ja den Wegfall von Handelsbarrieren, ein wichtiges Thema. Es entstand plötzlich ein Lohngefälle bis in die entlegensten Winkel der Erde. Strategen haben sich dafür rechtzeitig gerüstet.

Das heißt aber nicht, dass sich alle europäischen Unternehmen auf den Preis als Waffe im Verkauf stürzen sollen. Gegen ein Unternehmen aus z.B. China besteht über den Preis keine Chance. Sie wissen nicht, wie in China kalkuliert wird, und Sie wissen nicht, wie viel Subventionen ein Unternehmen dort bekommt.

Sie sollten aber nicht nur auf den Preis achten, sondern auf die gesamten Kosten einer Kundentransaktion. Viele Unternehmen sind reumütig aus Billiglohnländern zurückgekehrt, weil die Kosten für Handling, Qualitätssicherung, Arbeitsunterweisung und Reklamationen für sie nicht kalkulierbar waren. Der Verlust eines Know-how-Vorsprunges ist für viele Unternehmen zum Verhängnis geworden.

Viele Unternehmen haben die Chance verschlafen und übersehen. Andere haben eine intelligente Strategie entwickelt, wie das Unternehmen in Europa für ein differenziertes Produkt etwas mehr verlangen kann. Unintelligente Wertschöpfungsstufen wurden ausgelagert. Hightech und Know-how bleiben in Europa.

Wichtig ist, dass Sie mit dem Preis im vertretbaren Rahmen bleiben. Für den Preisunterschied sollten Sie etwas anbieten, wofür Kunden bereit sind, den Unterschied in Kauf zu nehmen. Ein Richtwert ist 10% bis 20% Preisunterschied.

IT'S TEA TIME

Wir alle kennen Pfefferminz-, Kamillen-, Kräuter- oder Hagebuttentees. Nichts über Wirkung, Zubereitung oder Herkunft – einfach Tee.

Die Firma Sonnentor geht hier einen völlig anderen Weg. Sie verwendet Rohprodukte von ausgewählten Biobauern, die nach den strengsten Prinzipien biologischer Landwirtschaft, nach Demeter Prinzipien ausgewählt werden. Sonnentor hat eine eigene Produktlinie, die nach den Rezepten von Hildegard von Bingen, der ersten Kräuterheilerin in unseren Breitegraden, hergestellt werden. Diese Tees haben eigene Namen: Druidentrank, Liebestee, Glückstee, Abendtrunk. Das ganze Unternehmen tickt anders. Dafür lässt sich ein höherer Preis erzielen.

Bessere Qualität ist heute zu wenig

Achtung Falle!

Die „Me-Too"-Falle

Mit besserer Qualität können Sie niemanden mehr begeistern. Benchmarking und der mörderische Wettbewerb haben das Niveau stark nach oben getrieben.

Bessere Qualität ist heute der Einstieg ins Geschäft. Aber das ist kein Unterschied mehr. Es geht nicht um objektiv messbare Qualität, sondern um subjektive Qualitätseinschätzung. Menschen haben einen mehr oder weniger wachen Hausverstand. Wenn Menschen Ihrer Werbung oder Ihrem Slogan ausgesetzt sind, dann fragen sie ihren gesunden eigenen Menschenverstand und sagen „das stimmt" oder „das ist falsch".

So gewinnt bei Küchentüchern ein No-Name-Produkt den Labortest. Am Markt hat Bounty gegen Zewa gewonnen. Zewa versucht mit neunfacher Saugkraft und Turbo-Absorber zu kontern. Zu spät und vergeblich. Zewa bleibt zweiter. Jetzt funkt Zewa SOS (und meint, dass sie mit einer Saugstarken-Oberflächen-Struktur den Krieg gewinnen).

Einige Anbieter haben den Begriff Qualität neu definiert. Es geht nicht mehr um die beste Qualität, durch die ein Produkt länger hält, als Menschen in der Lage sind, es zu nutzen. Es geht um eine neue Qualität, die mindestens über den Verwendungszeitraum des Produktes anhält.

Eine neue Qualität

Der bekannte, dicke, schwere, tarngrüne, gewalkte Schafwollpullover des Heeres, der besonders warm und auch witterungsfest ist – beim Heer bekommen ihn die *Gradmelder*. Sie brauchen ihn auch, denn sie müssen bei jedem Wetter mit dem Motorrad ihren Einsatz fahren.

Das Ding hat nur zwei Probleme. Im trockenen Zustand wiegt es rund 2,5 Kilo. Im nassen Zustand über 8 Kilo.

Die Qualitätskriterien für diesen Pullover waren festgelegt bis zur Stichanzahl je Zentimeter für die aufgesteppten Schulterbesätze. Toleranz = null!

WINDSTOPPER SCHLÄGT WALKE

Firma Gore hat aus der Goretex-Membran ein neues Material entwickelt, das Fahrtwind um über 180% besser abhält, wasserabweisend ist und sich nicht mit Feuchtigkeit durchtränkt, wie das Schwergewicht aus Schafwolle, und nur 0,83 Kilogramm wiegt. Der Preis war deutlich höher. Innerhalb von nur drei Monaten waren die alten Qualitätsanforderungen atomisiert und seither ist dieser neue Pullover die Braut des Gradmelders beim Heer.

So viel zu Qualität und Preis bei öffentlichen Ausschreibungen.

KUNDENSERVICE ALLEINE IST ZUWENIG

Das Problem mit CRM – Customer Relationship Management – ist, dass alle dieselben Bücher lesen, ähnlich leistungsfähige Softwarelösungen implementieren und glauben, dass es genügt, alles für die Kunden zu tun. Tut es nicht.

ACHTUNG FALLE!

DIE SERVICEFALLE

Besserer Service differenziert ein Unternehmen heute nicht mehr. Es wäre schön, wenn die Unternehmen in Europa endlich die

Chance ergreifen würden, exzellenten Service zu bieten. Das ist die Überlebenschance für Europas Wirtschaft. Wir befinden uns aber weiterhin in der *Servicewüste Europa*.

Es geht aber nicht alleine darum, dass Unternehmen besseren Service bieten, sondern dass in Europa neue Serviceunternehmen gegründet werden. Europa hat gegenüber anderen Ländern weniger Dienstleistungsmentalität. Genau das ist die große Chance, neue Arbeitsplätze zu schaffen. Aber auch die potentiellen Auftraggeber sollten umdenken im Sinne von „make or buy". Hier liegt noch ein Stück des Weges vor uns.

Erste Beispiele sind sehr erfolgreich. Repa Copy ist nicht nur ein Kopierservice. Dieses Unternehmen bietet auch weitergehende Services an, hat am Abend bis 20 Uhr, am Samstag bis 18 Uhr und auch am Sonntag geöffnet.

THE NORDSTROM WAY

Ein Unternehmen hat es geschafft: Nordstrom, ein sehr erfolgreiches Kaufhaus in Amerika. Sie haben einen einzigartigen Kundenservice aufgebaut. Aber sie haben zu einer Zeit begonnen, als die Service-Leistungen überall eingeschränkt wurden und alle anderen Personal abbauten, um Kosten zu sparen. Nordstrom tat das Gegenteil. Sie haben den Service ausgebaut und etwas mehr verlangt und sie haben dafür einfache Regeln aufgestellt. Mitarbeiter bei Nordstrom werden mit folgendem Schreiben begrüßt:

WILLKOMMEN BEI NORDSTROM
Wir sind froh, Sie in unserem Unternehmen zu haben.
Unser oberstes Ziel ist es,
außerordentlichen Service zu bieten.

Setzen Sie beides, Ihre persönlichen
und beruflichen Ziele hoch.
Wir haben großes Vertrauen in Ihre
Fähigkeiten, diese zu erreichen.

Nordstrom Regeln:
Regel No. 1: Setzen Sie Ihren gesunden
Menschenverstand in allen Situationen ein.
Weitere Regeln gibt es nicht.
Bitte fragen Sie den Department Manager,
Store Manager oder Division General Manager
jederzeit, wann immer Sie Fragen haben.

Nordstrom hat die Organisationspyramide um 180° gedreht.
Die Kunden stehen an oberster Stelle. Der Chef schafft die
Voraussetzungen dafür, dass die Verkäufer mit den Kunden
Geschäfte machen können, ohne dauernd fragen zu müssen.
Ein weiterer Aspekt ist der Einsatz von Technologie, z.B. in
Hotels. Es ist ja nett, wenn Sie die Mitarbeiterinnen der
Rezeption bei internen Gesprächen gleich mit Ihrem richtigen
Namen ansprechen, weil dieser sofort am Bildschirm er-
scheint. Aber auch das differenziert ein Unternehmen nicht.

**Es geht nämlich nicht darum, dass Sie Ihre Kunden kennen.
Es geht darum, dass Ihre Kunden wissen, wodurch Sie sich
vom Mitbewerb differenzieren, was Sie anders machen.**

24-STUNDEN-SERVICE

Gregg Brown, einer von zahllosen Fotografen in New York
City, hat in seiner Einschaltung in den Yellow Pages folgen-
den Text: WE DO ALL AND 24 HOUR RUSH SERVICE
WELCOME. Er bekam den Auftrag seines Lebens um 2:00
Uhr nachts, am 12. September 2001, und der lautete: Luftauf-

nahmen von Ground Zero. Bis zur Beendigung der Aufräumungsarbeiten bis Ende Mai 2002 war er fast täglich mit dem Hubschrauber unterwegs. Seine Fotos kennt die ganze Welt.

PFLEGEDIENSTFÜHRER – EINES DER ERFOLGREICHSTEN INTERNETPORTALE DEUTSCHLANDS

Die Frau des besten Freundes von Ulrich Schirrman ist schwer erkrankt und wurde zum Pflegefall. Wochenlang hat er gemeinsam mit seinem Freund nach dem „richtigen" Pflegedienst gesucht. Nachdem das intensive Arbeit war und er wusste, wie man sich in dieser Situation fühlt, stellte Schirrmann die Ergebnisse der Recherche unter www.pflegedienstfuehrer.de ins internet. Er wollte damit anderen Betroffenen die Arbeit erleichtern. Es dauerte nicht lange und er bekam immer mehr Anrufe von Pflegediensten, die fragten, was es kosten würde, auch ins Verzeichnis aufgenommen zu werden. Der Eintrag wurde zu einem Qualitätsmerkmal in der Branche. Er kassiert für einen Eintrag 150,– Euro p.a. und heute sind 15.000 Pflegedienste aus ganz Deutschland bei ihm verzeichnet.

Seit 2002 wurde der Pflegedienstführer dreimal in Folge ausgezeichnet als eines der wichtigsten deutschen Internet-Angebote.

Erfolgreiche Strategien lassen sich heute nur entwickeln, wenn man Unternehmen und Marken durch Differenzierung im Gedächtnis der Kunden positioniert. Und das kann mit dem Produktnutzen zusammenhängen – **kann!**

KONSUMPSYCHOLOGIE

Die Konsumpsychologin Carol Moog über rationale Attribute: „Rational empfundene Attribute tragen zu jeder Entscheidungsfindung und zu allen Punkten der Differenzierung bei, ohne Rücksichtnahme auf emotionale Ansprache oder erregende Eigenschaften des Produktes."

Mit anderen Worten, es geht nicht nur um Emotionen, es braucht rationale Argumente. Eine einfache Übersetzung: Liefern Sie *einen einfachen Grund* zum Kauf.

Roberto Goizueta, Ex-CEO von Coca Cola, hat es klar formuliert: Im Immobiliengeschäft ist es Lage, Lage, Lage, in der Wirtschaft ist es Differenzierung, Differenzierung, Differenzierung.

Wie erfolgt Differenzierung?

Im Wesentlichen erfolgt Differenzierung in drei Phasen:
1. Entwickeln Sie eine einfache Idee, die Sie von Ihren Mitbewerbern unterscheidet.
2. Sie brauchen eine glaubwürdige Beweisführung oder die Produkte, um diese Differenzierung zu beweisen. Das kann man nicht erfinden. Das muss echt sein.
3. Stellen Sie ein Kommunikationsprogramm zusammen, mit dem Sie den Kunden auf den Unterschied aufmerksam machen. Mehr noch, es soll Kunden dazu bringen, zu Ihnen zu wechseln. Jede Facette der Kommunikation sollte diesen einfachen Grund enthalten. Also: dieselbe Botschaft über alle Kanäle.

GEOX lässt keine Gelegenheit aus, um zu kommunizieren, dass diese Schuhe atmen. Für Kinder wird die Geschichte etwas lustiger mit Comics und „Stinkis" erzählt. Nutzen Sie jede Gelegenheit, Ihre Botschaft zu verbreiten.

Eine Differenzierung, die „abhebt"

Red Bull – verleiht Flügel. Diese Idee findet sich in allen Marketingaktivitäten von Red Bull wieder: beim Flugtag, bei den

Flying Bulls, bei Felix Baumgartner's Flug über den Ärmel-
kanal – und in Bars als Mixgetränk mit Alkohol.

Positionierung und das Gedächtnis

Kreativität, Coolness, Emotionen und Kunst reichen heute
nicht mehr aus, um erfolgreich zu sein. Sie müssen sich mit
der Realität auseinandersetzen. Und die einzige Realität ist,
was im Gedächtnis der Kunden bereits vorhanden ist. Der
Marktplatz ist das Gedächtnis des Kunden. Sie müssen heute
verstehen, wie das Gedächtnis funktioniert, und Sie sollten
verstehen, was im Gedächtnis funktioniert und was nicht.

Hier die wichtigsten mentalen Elemente für den Positionierungsprozess:

Das Gedächtnis ist limitiert

Menschen können nicht sehr viele Informationen aufnehmen.
Jeder Mensch hat eigene Produktleitern im Gedächtnis, wie
wir dazu sagen. Nehmen wir Papiertaschentücher.

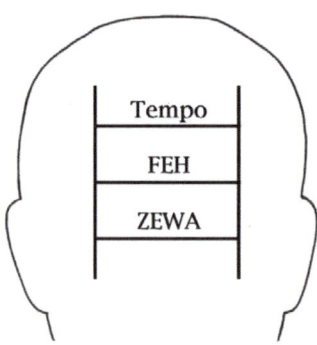

Tempo ist die weltweite Nummer 1. Je nach Land gibt es dann noch ein oder zwei Marken, die sich um die Plätze rangeln. Zewa, Feh, ...? Mehr brauchen wir auch nicht. So ist das auch im Gedächtnis der Kunden gespeichert und Menschen können sich mehr als sieben Begriffe schwer merken. No. 8 hat Pech, außer sie hat ein besonderes Attribut, mit dem sie sich vom Mitbewerb differenzieren kann.

Bei Digitalkameras in Deutschland machen die ersten 10 Marken bereits 80,7% des gesamten Digitalkameramarktes aus: Canon 22,3%, Casio 9,2%, Sony 9%, Panasonic 8,9%, Fuji 6,5%, Nikon 5,6%, HP 5,1%, Samsung 4,8%, Olympus 4,7% und Kodak 4,6% (Quelle: IDC, 2. Quartal 2006). Wer braucht da eine 11. Marke zur Auswahl? Wir sind in Wahrheit schon mit fünf überfordert.

Die Produktleiter ist meist geometrisch.

Langfristig finden wir in fast allen Marktsegmenten eine Aufteilung der Marktanteile in etwa diesem Verhältnis:

Platz 1 .... 40% – ist wunderbar
Platz 2 .... 20% – kann großartig sein
Platz 3 .... 10% – ist bedrohlich
Platz 4 .... 5% – kann fatal sein

Sie sollten also nach Platz eins trachten oder zumindest die Alternative auf Platz zwei sein. Am dritten und vierten Platz verdient man meist kein Geld mehr. Und: Langfristig werden Märkte von zwei Anbietern dominiert. Dieses Phänomen wird das Prinzip der Dualität genannt.

Boeing – Airbus
Mercedes – BMW
Kodak – Fuji
Nike – Adidas
Playboy – Penthouse

Jack Welch, der CEO von General Electric, hat durch die konsequente Anwendung dieser Erkenntnisse den Erfolg des Unternehmens maßgeblich bestimmt.

Das Gedächtnis hasst Verwirrung

Wenn Sie mit einer verwirrenden Idee auf den Markt gehen, haben Sie schlechte Chancen. Menschen lehnen verwirrende Botschaften ab. Ein klassisches Beispiel ist Mennen E, ein Deo mit Vitamin E. Das ist verwirrend. Ein Vitamin Deo? Die Headline in der Werbung: *Vitamin E, incredibly, is a deodorant.* Die Agentur glaubte es also nicht. Und Kunden wollten nicht die gesündesten und wohlgenährtesten Achselhöhlen des Landes haben. Mennen E war ein Flop.

Das Problem ist der Trägheitsfaktor. Das Gedächtnis kennzeichnet komplexe Ideen schnell als verwirrend. Das Gedächtnis hat nicht die Zeit oder das Verlangen, Dinge herauszufinden. Verwirrung und Komplexität sind verhängnisvoll. Differenzierung sollte mit einfachen Ideen erfolgen.

Betrachten Sie den Mobiltelefon-Markt. Brauchen Sie wirklich eine Kamera? Oder all die anderen Funktionen, die Sie nur beim Telefonieren stören. Wie schön wäre ein Mobiltelefon mit großen Tasten, einem tollen Display, einem einfachen Telefonverzeichnis, das man einfach auf ein neues Telefon übertragen kann, und einer guten Freisprecheinrichtung und sonst nichts! Speziell ältere Menschen sind mit so vielen Funktionen überfordert.

Der Innovationszyklus in diesem heiß umkämpften Markt ist so hoch, dass kaum mehr darauf geachtet wird, was Kunden wirklich wollen.

Produkte mit sehr vielen Funktionen verwirren bloß. Und sie setzen sich nicht durch, sondern sterben. Denn bei einem zu komplexen Produkt, kann man einen Unterschied nicht wahrnehmen.

Es sind oft die Kleinigkeiten. Die Hersteller scheint manchmal überhaupt nicht zu interessieren, was bei der Verwendung ihrer Produkte passiert. Navigationssysteme für unterwegs sind so ein Fall. Ein System macht sie alle hundert Meter darauf aufmerksam, dass Sie bald abbiegen müssen, ein anderes erfordert beinahe künstlerisches Geschick bei der Zielorterfassung. Ein einziges System hat erkannt, dass bei einem Auto-Navigationssystem die einfache Bedienung das wichtigste Attribut ist. Es ist TomTom go. Wir sollen unsere Aufmerksamkeit ja auf den Verkehr lenken, nicht auf unseren elektronischen Kopiloten.

DIE MACHT DER ÜBERVEREINFACHUNG

Der beste Weg ins Gedächtnis zu gelangen, das Komplexität und Verwirrung hasst, ist die Übervereinfachung der Botschaft. Halten Sie es einfach. Seien Sie vorsichtig mit komplizierten Ideen.

Das mächtigste Konzept ist, ein Wort im Gedächtnis der Kunden zu besitzen, ein einfaches Wort, am besten aus dem täglichen Sprachgebrauch, aus dem Wörterbuch.

Wenn Sie dieses Wort haben, dann sollten Sie es im Gedächtnis der Kunden fest verankern.

BMW hat dies sehr erfolgreich mit dem Wort „Fahrfreude" getan. Damit hat BMW Mercedes als fahrendes Wohnzimmer repositioniert. In den USA lautete die Headline in der Einführungswerbung: The ultimate sitting machine vs. the ultimate driving machine.

BMW hat damit einen entscheidenden Grundstein in der Strategie gelegt, der weitreichende Auswirkungen auf die Personalstrategie, die Entwicklungsstrategie und das Design hatte. Es werden straffere Fahrwerke, kräftigere Motoren und sportlich untersetzte Getriebe gebaut, die eben Fahrfreude vermitteln können. BMW ist nach jahrelanger konsequenter Umsetzung dieser Strategie drauf und dran, Mercedes zu überholen.

Volvo bedeutet heute Sicherheit. DHL bedeutet „Worldwide Express." Red Bull kennt heute jeder Teenager als den Energydrink.

NUTZEN SIE VERWIRRUNG

Plendil, ein Medikament gegen Bluthochdruck, hat das sehr erfolgreich in den USA getan. Dreizehn Produkte für Bluthochdruck kämpften um die Aufmerksamkeit. Die Kunden waren verwirrt. Plendil nutzte das sehr geschickt aus. Die Umsetzung in der Werbung sah wie folgt aus.

Seite 1: Sind Sie verwirrt über *Kalziumkanal Blocker*? Darunter wurden 13 Produkte ohne Anführung des Markennamens gezeigt.

Seite 2: Die neueste Generation von Kalziumkanal Blockern sind Dihydropyradine – es wurden nur mehr 5 Produkte gezeigt, die anderen Kästchen waren leer.

Seite 3: Nur 2 Dihydropyradine sind einmal täglich einzunehmen.

Seite 4: Aber nur ein Präparat verspricht „vaskuläre Selektivität" (hat weniger Nebenwirkungen und wirkt dort, wo es wirken soll – im Herzen). Dann wurde das Produkt Plendil beschrieben und die Packung gezeigt, auf der das Prinzip der vaskulären Selektivität symbolisiert dargestellt ist.

Wenn Sie also so eine entwirrende Idee haben, setzen Sie diese bei allen Aspekten in der Kommunikation ein.

DAS GEDÄCHTNIS IST UNSICHER

Menschen wissen nicht immer, was sie wollen. Die Gründe dafür sind Risken, denen sie sich ausgesetzt fühlen.

- ▸▸ Finanzielles Risiko (Kann ich mir das leisten?)
- ▸▸ Funktionales Risiko (Klappt das auch?)
- ▸▸ Physisches Risiko (Ist das gefährlich für mich?)
- ▸▸ Soziales Risiko (Was denken die anderen?)
- ▸▸ Psychisches Risiko (Habe ich die richtige Entscheidung getroffen?)

Menschen kaufen, was andere Menschen kaufen. Denn die meisten wissen nicht, was sie wollen. Die meisten Menschen kaufen, was sie glauben, dass sie brauchen.

Daher ist es nicht möglich, Menschen zu befragen, was sie wollen. Sie wissen es nicht. Psychologen begründen das mit dem Herdentrieb.

„Wir finden heraus, was richtig ist, indem wir herausfinden, was andere für richtig befinden. Dieses Prinzip der sozialen Bestätigung entspricht genau der Art und Weise, wie wir entscheiden, was korrektes Verhalten ist. Wir sehen ein bestimmtes Verhalten in einer bestimmten Situation als korrekt an, wenn wir das bei anderen so erlebt haben." (Robert Cialdini, Psychologe)

Dieses Verhalten erklärt, warum verschiedene Differenzierungsstrategien funktionieren. Wir nennen das die Reduzierung der Ungewissheit. Wir kennen drei Möglichkeiten.

1. MITLÄUFEREFFEKT

Umfragen, Ranglisten, Empfehlungen eignen sich besonders, um einen Mitläufereffekt zu erzeugen. Oral B, die von Zahnärzten am meisten empfohlene Zahnbürste. Toyota, laut ADAC- und ÖAMTC-Pannenstatistik das verlässlichste Auto.

Pedigree PAL ist von Hundezüchtern empfohlen und Calgonit ist der einzige Entkalker, der von führenden Waschmaschinenherstellern empfohlen wird. Auch durch Aussagen wie „am schnellsten wachsend" oder „meistverkauft" lässt sich ein Mitläufereffekt erzeugen.

2. Testimonials

Hey, „der" kauft das! Das muss ich auch haben. Sportidole, Schönheitsidole und Pop-Idole werben für Produkte. Wir wollen diejenigen kopieren, denen wir einen besseren Geschmack oder mehr Wissen und Erfahrung zutrauen.

Tiger Woods und Michael Jordan sind für Nike sehr erfolgreiche Beispiele. Nike setzt den besten Golfspieler und den besten Basketballer der Welt aber auch richtig ein.

3. Traditionen

Die Spanische Hofreitschule Wien ist die einzige Institution der Welt, an der die klassische Reitkunst in der Renaissancetradition der „Hohen Schule" seit über 430 Jahren lebt und unverändert weiter gepflegt wird.

Die Aufgabe der klassischen Reitkunst ist es, die natürlichen Bewegungsveranlagungen des Pferdes zu studieren und durch systematisches Training in der dem Pferd höchstmöglichen Eleganz der Hohen Schule zu kultivieren. Das wird weltweit nur an der Spanischen Hofreitschule in Wien gepflegt.

Weihenstephaner, die älteste Brauerei der Welt, seit 1040, das schafft Biervertrauen.

Steinway ist seit 1919 das „Instrument der Unsterblichen".

Das Gedächtnis verändert sich nicht

Wenn der Markt sich einmal seine Meinung gebildet hat, ist es sehr schwer, diese zu verändern.

Einstellungen lassen sich aus folgenden Gründen so schwer verändern:

> Um eine Einstellung zu verändern, müssten also auch die Informationen, auf denen sie beruht, verändert werden. Das bedeutet: Glaubenshaltungen müssen verändert werden, alte Glaubenshaltungen beseitigt oder neue eingeführt werden.
>
> Richard Petty und John Cacioppo
> Verhaltensforscher

Xerox hat zwanzig Jahre lang und mit einem Aufwand von zwei Milliarden US-Dollar versucht, den Markt zu überzeugen, dass Xerox-Maschinen, die keine Kopien machen, ihr Geld wert wären. Spät kehrte Xerox zurück und repositionierte sich als „Document Company". Vielleicht zu spät.

Die Coca Cola Company machte eine bittere Erfahrung als sie das „real thing" – die Geheimformel – änderte und New Coke brachte – ein Desaster.

Veränderung ist sinnlos

„Konfrontiert mit der Wahl zwischen Änderung der Einstellung und dem Beweis, dass es nicht erforderlich ist, wird sich fast jeder beim Beweis ertüchtigen", schreibt John Kenneth Gailbreth.

DAS GEDÄCHTNIS KANN DEN FOKUS VERLIEREN

Das Gedächtnis ist wie eine Kamera. Früher hatten sie ein klares Bild von einer Marke. Klebestreifen ist Tesa oder Tixo, Klebstoff ist Uhu und Dr. Best ist die Zahnbürste mit dem nachgebenden Griff.

Heute gibt es Dr. Best Zahnpaste. Das schwächt die Marke und trübt den Fokus.

DIE FALLE DER MARKENAUSWEITUNG

Der Erfolg einer Marke ist entgegengesetzt proportional zu ihrer Ausdehnung.

ACHTUNG FALLE!

DIE MARKENAUSWEITUNGSFALLE

Verlust der Fokussierung entsteht durch Markenausweitung. Kein Thema im Marketing ist so kontrovers. Überall wird versucht, Kapital aus Markennamen zu schlagen, und große Konzerne wie Coca Cola reden über Megamarken.

Scott war Nummer eins bei Toilettenpapier in den USA. Dann brachte Scott weitere Produkte auf den Markt: ScotTissue, Scotkins, ScotTowels, White Scotties. Zu spät erkannte Scott die Fehler und änderte die Strategie. Viva wurde als neue Marke für Küchentücher eingeführt und Cottonell für Toilettenpapier – zu spät. Charmin hatte mit nur einer Marke den Gipfel des Toilettenpapierberges erklommen. Charmin hat jetzt in Europa mit zwei samtweichen Faserstrukturlagen einen echten Differenzierungsvorteil. Also Cosy, Zewa & Co. aufgepasst! Sonst geschieht dasselbe wie mit Bounty bei Küchentüchern, die mit einer Wabenstruktur zur Nummer eins in Deutschland wurden. Zewa, mit mehreren Produkten unter derselben Marke, ist verwundbar: Toilettenpapier, Küchentücher, Papiertaschentücher und Kosmetiktücher. Wer ist die Nummer eins in all diesen Segmenten? Die Spezialisten. Tempo bei Taschentüchern, Kleenex bei Gesichtstüchern, Bounty bei Küchentüchern. Bleibt nur noch das Toilettenpapier übrig.

KUH ODER PFERD

Wasserbauer hat die führende Position bei Rinderfütterungssystemen in Europa. Ein Pferdestallanbieter wollte ein Fütterungssystem für Pferde anbieten. Flugs war es entwickelt und unter dem bestehenden Logo am Markt angeboten.

Bis ein Logoproblem auftrat. Pferdebesitzer haben sich am Kuhkopf gestoßen. Pferde sind viel sensibler zu füttern als Rinder. Die fokussierte Positionierung der Marke war in Gefahr.

Neuer Name, neuer Fokus, neues Logo.

Heute ist diese Marke für den Pferdestallanbieter ein sogenannter *Ingredient-Brand*, sozusagen die magische Zutat. Die Marke HorseKing ist ein wesentlicher Grund, warum Stallbesitzer bei diesem Unternehmen kaufen und nicht bei der Konkurrenz.

ES IST EINE FRAGE DER PERSPEKTIVE

Unternehmen betrachten Marken meist vom ökonomischen Standpunkt aus. Langfristig sollten Marken aber aus der Sicht des Gedächtnisses der Kunden betrachtet werden.

FAKTEN DER MARKENAUSWEITUNG

Markenausweitung ist eine gute Strategie, wenn der spezialisierte Mitbewerb niemals auf den Markt kommt. Die Welt ist aber voll von Spezialisten. Was ist dann mit Marken wie Nivea oder Milka? Nivea hat ein zentrales Merkmal – Pflege. Milka hat bereits die Vielfalt reduziert. Es war schon zu viel *Lila Pause* in den Regalen für die Milka-Fans.

Markenausweitung ist eine schlechte Strategie, wenn Spezialisten stark zurückschlagen.

ES GEHT UM GELD

▸▸ Die Kosten für eine erfolgreiche Marken-Neueinführung in den USA betragen 30 Millionen Dollar, gegenüber 5 Millionen für eine Markenausweitung.

▸▸ Unter dem Druck der Börse auf Quartalsergebnisse investieren Manager nicht genug in wirklich neue Marken.

ES GEHT UM RISIKO

Nur wenige Brandmanager sind bereit, genug Zeit zu investieren oder das Karriererisiko einzugehen, um neue Marken einzuführen.

ES GEHT UM WAHRNEHMUNG

Ein Produkt oder eine Marke kann zur gleichen Zeit nicht für zwei verschiedene Inhalte stehen. Wir nennen das Schaukelprinzip. Heinz war einmal die Nummer eins bei Essiggurken. Dann wurde Heinz die Nummer eins bei Ketchup – und bei

Gurken wurde es Vlasic. Die Marktanteile bei Essiggurken in den USA heute: Vlasic 29%, Heinz 4%.

EINE ERSTAUNLICHE UNTERSUCHUNG

Die Harvard Business Review bezog in einem Artikel zur Markenausweitung Stellung:

„Unkontrollierte Produktlinienerweiterungen können das Image einer Marke schwächen, Handelsbeziehungen stören und Kostensteigerungen verschleiern.

Coca Cola hat es mit einer Modelinie versucht. Coca Cola zum Anziehen? Schwachsinn.

Levi's hat mit Schuhen und einer Freizeitkollektion das Ergebnis ruiniert und übersehen, dass neue trendige Jeansmarken an den Marktanteilen von Levi's kräftig knabbern. BMW experimentiert mit dem C1-Motorrad und Mercedes mit der M-Klasse. Volkswagen erwähnt bei der Markteinführung des Phaeton, dass damit kein Geschäft zu machen sein wird." (Wozu dann? Ein Abschiedsgeschenk für Ferdinand Piëch?)

DIE POSITIONIERUNGSFALLEN

ACHTUNG FALLE!

IGNORIEREN SIE DAS GEDÄCHTNIS DER KUNDEN

Die häufigsten Verführungen sind heute: Setzen Sie nur auf Emotionen. Erzählen Sie so viel wie möglich über möglichst viele verschiedene Kanäle, damit sie möglichst viele verschiedene Zielgruppen erreichen. Der moderne Begriff dafür heißt Marken-Journalismus. Das ist tödlich.

Entscheidungen werden im Grunde in maximal 3 bis 4 Sekunden getroffen. Der Prozess, dies bewusst zu machen, dauert länger. Das heißt, die Entscheidung kommt meist aus dem Bauch, der

Emotion. So weit einverstanden. Was wir aber Kunden geben sollten, ist eine Rechtfertigung für die getroffene Entscheidung – also rationale Argumente. Dies ist dann die Botschaft, die sich Kunden merken sollen. Da unser Gedächtnis Veränderungen nicht liebt, sollte diese Botschaft auch nicht verändert werden, da das Gedächtnis sonst die Orientierung verliert.

ACHTUNG FALLE!

IGNORIEREN SIE DIE POSITIONIERUNG DER MARKE

Die Einstellung, es kommt nur auf das Produkt, den Verkauf und den Preis an, ist die Express-Fahrkarte ins Jenseits. Die ruhigen Zeiten sind vorbei. Es herrscht Krieg in der Wirtschaft. Positionierung ist das Ergebnis langfristiger und konsequenter Erfüllung von abgegebenen Versprechen für eine Marke. Zick-Zack-Kurse sind die Spezialität von Hasen auf der Flucht.

ACHTUNG FALLE!

LAUFEN SIE JEDEM UND ALLEM HINTERHER

Sie müssen etwas aufgeben, um etwas zu bekommen.
Wo steht geschrieben, dass Sie wirklich mehr verkaufen, wenn Sie noch mehr verschiedene Produkte zu verkaufen haben?

Starke Marken stehen für klare Versprechen, für klare Werte. Und sie erfüllen Markenversprechen. Erst dann entstehen Marken. Und das braucht Zeit, viel Zeit. Lesen Sie über die drei möglichen Opfer im nächsten Kapitel „Differenzierung".

▸▸ Kundennutzen
▸▸ Produktlinie
▸▸ Ständiger Wandel

Marken entstehen im Gedächtnis der Kunden über längere Zeit durch erfüllte Versprechen von Unternehmen.

MANAGEMENT CONSULTANTS ARE VERY GOOD AT TUNING YOUR CAR. ADVERTISING AGENCIES ARE VERY GOOD AT DRIVING YOUR CAR. TROUT & PARTNERS TELLS YOU WHERE TO GO.

JACK TROUT
BEGRÜNDER DER POSITIONIERUNG

DER PUNKT IST! Positionierung ist Differenzierung im Gedächtnis der Kunden. Positionierung ist das Herz jeder Marketing- und Unternehmensstrategie.

3. STRATEGIE IST DIFFERENZIERUNG

Positionierung ist Differenzierung im Gedächtnis der Kunden. Strategie dreht sich heute ausschließlich um Differenzierung.

Es geht also darum, im Gedächtnis der Kunden einen Platz einzunehmen. Ein Kundenbedürfnis zu befriedigen ist zu wenig. Das tun viele andere Unternehmen mit ihren Produkten auch. Es geht darum, was Sie anders machen, was Sie vom Mitbewerb unterscheidet. Dazu sollten Sie verstehen, was im Gedächtnis der Kunden bereits vorhanden ist, was funktioniert und was nicht funktioniert.

PREIS, QUALITÄT, SERVICE, KUNDENZUFRIEDENHEIT

Dass die passende Qualität heute nur mehr der Einstieg ins Geschäft ist, wissen Sie schon.

Dass Preis nur eine gute Strategie für die Unternehmen ist, die in der Lage sind, in diesem „Preis-Segment" Marktführer zu sein oder eine gute Nummer-2-Position einzunehmen (eine Alternative ist wichtig), darüber wurde im Teil über Strategie und Positionierung schon geschrieben. Kundenzufriedenheit ist heute kein Unterscheidungsmerkmal mehr, auf dem Sie eine langfristige Strategie aufbauen können. Es ist die Voraussetzung, dass Kunden wieder kommen und Sie weiterempfehlen.

Differenzierung via „Der Erste"

Wenn man mit einer neuen Idee, einem neuen Kundennutzen oder einem neuen Produkt in das Gedächtnis der Kunden gelangen kann, dann ist das ein großer Vorteil, weil das Gedächtnis Veränderungen nicht gerne hat.

Psychologen nennen das den Gewöhnungseffekt. Viele Experimente haben die magnetische Anziehungskraft des Status Quo gezeigt. Die meisten Entscheidungsträger lassen nämlich eine deutliche Neigung zu Lösungen erkennen, die nichts am gegenwärtigen Zustand ändern.

Im Klartext: Menschen neigen dazu, an den Dingen festzuhalten, die sie haben. Auch wenn man jemanden trifft, der einem besser gefällt als die eigene Frau oder der eigene Mann, lässt man sich für einen Tausch nicht gleich scheiden, wenn man an die Anwaltskosten und die Probleme denkt, welche die Aufteilung der Kinder und des Besitzes mit sich bringen würde.

Waren Sie mit einem Produkt der Erste und versuchen Konkurrenten es zu kopieren, unterstützen diese eigentlich nur Ihre ursprüngliche Idee. Es ist viel einfacher, sich als Erster durchzusetzen, als jemanden davon zu überzeugen, dass man etwas Besseres zu bieten hat als das Produkt, das zuerst am Markt war.

Erste bleiben Erste

Pioniere und Marktführer werden vom ersten Platz nur dann verdrängt, wenn sie Fehler machen.

Einige Erste:	Pampers	Wegwerfwindel
	Red Bull	Energydrink
	Renault Espace	Großraumlimousine
	Uhu	Klebstoff

In den USA hat eine Untersuchung gezeigt, dass von 25 Marken, die im Jahr 1923 in ihren jeweiligen Kategorien auf Platz eins waren, nur fünf die Marktführung abgegeben haben. Die bekanntesten Marken, die seit 1923 immer noch an der Spitze sind: Kodak, Wrigley's, Gillette, Coca Cola, Lipton's.

Wenn Sie etwas Neues bringen, ist es wichtig, dass Sie eine neue Kategorie auf die Beine stellen, in der Sie Erster sein können.

ERSTER IM GEDÄCHTNIS, NICHT ERSTER AM MARKT

Risikokapitalgeber, Manager und zahlreiche andere Strategen sprechen vom „First Mover Advantage" und meinen, dass Konzepte mit einem ebensolchen das Rennen schon gemacht haben. Aber das gelingt nicht immer. Es geht nämlich nicht darum, wer zuerst am Markt ist, sondern wer es schafft, sich als Erster im Gedächtnis der Kunden zu verankern. Und das ist oftmals ein weiter Weg. Red Bull war der erste Energydrink. Über 300 Verfolger zusammen kommen derzeit auf rund 10% des Umsatzes von Red Bull.

WOM – World of Music – war erster in Deutschland. Da hatte Virgin Megastore als erster Mega-CD-Laden in Europa keine Chance.

Die Wikinger entdeckten um das Jahr 1000 Amerika. Heute spricht aber die ganze Welt davon, dass Christoph Columbus fast 500 Jahre später Amerika entdeckt hat. Er hat die Presse (damals hieß das Geschichtsschreibung) mit dabei gehabt. Sorgen Sie also für entsprechende Publicity, wenn sie etwas Neues auf den Markt bringen.

DIE FIRST-MOVER-ACHTERBAHN

ACHTUNG FALLE!

DIE FIRST-MOVER-FALLE

Unternehmen haben oft Probleme herauszufinden, ob sie Erster sind, weil sie nicht klar definieren, was sie eigentlich machen. Unternehmen sind zu oft mit überschäumendem Eifer unterwegs und erklären, dass sie da etwas ganz Neues entwickelt haben, was die Welt noch nicht gesehen hat. Könnte ja sein.

Sie können aber erst dann feststellen, ob Sie Erster sind oder nicht, wenn Sie wissen, wie dieses Produkt oder diese Dienstleistung zu bezeichnen ist und wie das dazugehörige Marktsegment definiert wird oder werden kann. Erst dann können Sie eine Recherche anstellen. Bis dahin sind Unternehmen oft wie in einer Achterbahn unterwegs, mal oben, mal unten, und fahren in einer endlosen Schleife, weil sie nicht herauszufinden versuchen, was das „tolle neue Ding" genau ist. Manchmal ist es ein erstaunliches Ende der rasanten Fahrt, wenn Unternehmen feststellen, dass jemand anderer dieselbe Idee schon realisiert hat.

VON EINER NO. 411 ZU EINER NEUEN NO. 1

Ein Unternehmen hatte eine Callcenter-Software. Die Unternehmer waren innovativ und dynamisch und haben das Produkt weiterentwickelt. Ein großer Kunde war ein guter Partner. Doch das Risiko mit einem Kunden war zu groß. Also entschlossen sich die Gesellschafter, die Software auch an andere Kunden zu vermarkten. Beinahe wären einige Gründerfallen zugeschnappt (Marke, Segment, Differenzierung – eine spannende Geschichte).

Ein neues Software-Segment

Die aktuellste Studie über CRM-Software lag auf dem Tisch. Was ist das für eine Software?, war die Frage. Antwort: „Eine Callcenter-Software." Gratuliere, das ist die Software No. 411 am deutschen Markt! Antwort: „Ui, das ist schlecht." Was ist es dann? Antwort: „Eine CRM-Software." Gratuliere, Sie gehen mit weltweiten Schwergewichten, wie SAP, SAS und einigen mehr in den Ring. Antwort: „Oje, das ist auch nicht gut." „Aber wir machen etwas, was die anderen nicht machen. Wir haben die erste dynamische Kundendatenbank, die via Internet erweiterbar ist."

Bei genauer Analyse der oben genannten Studie wurde eine Lücke im CRM-Software-Business festgestellt und richtig benannt. Das Herz jeder CRM-Software-Lösung ist die Datenbank. Darum herum die wichtigsten Funktionen: Call Routing, E-Mail Routing, einige für Callcenter spezifischen Funktionen. Alles zusammen ergab die erste Customer-Care-Software Europas.

Eine exakte Markt- und Konkurrenzanalyse hat es dem Unternehmen ermöglicht, eines der mächtigsten Prinzipien der Differenzierung zu nutzen – Fokussierung, bis eine neue Kategorie entsteht, in der das Unternehmen Erster sein kann.

Ein gekonnter Messeauftritt bei der Cebit in Hannover hat die Branche aufhorchen lassen. Heute hat dieses Unternehmen langjährige Kundenverbindungen mit sehr großen Unternehmen, die teils ihre eigenen Softwarelösungen außer Dienst gestellt haben.

Die erste Teichpumpe

Auch ein Schwimmteich braucht ein gewisses Maß an Pflege. Wolfgang Hartl, Schwimmteichbesitzer, hatte das Problem, dass sein Schwimmteich mit herkömmlichen Absaugpumpen nicht ordentlich zu reinigen war.

Daher baute er eine eigene Pumpe und saugte so zufrieden seinen Teich. Er war in einer guten Anstellung und dachte vorerst nicht an die Vermarktung seiner Erfindung. Bis ein Teichbauer diese tolle Pumpe zufällig sah. Das Patent war rasch erteilt und die weltweit erste Teichpumpe am Start. Zuerst verkaufte Herr Hartl seinen Pondball HW 300 nebenberuflich. Doch das Geschäft lief so gut, dass er den Job, den er 26 Jahre gemacht hatte, kündigte und sich der Vermarktung seiner Erfindung voll und ganz widmete.

Im Jahr 2004 erhielt er den Jungunternehmerpreis.

Nach eigenen Worten würde er heute wesentlich mehr auf gutes Marketing setzen. Er würde nie wieder in seinem ehemaligen Job arbeiten.

Differenzierung ist heute sehr oft auf einer Ebene über der Produktebene zu lösen. Das Produkt ist ein Werkzeug für die Positionierung.

Differenzierung über ein Attribut

Sich über ein Attribut zu differenzieren, ist die uns am häufigsten bekannte Art der Unterscheidung vom Mitbewerb.

Attribut-Psychologie

Forscher sagen, dass jede Person eine Mischung von charakteristischen Merkmalen ist. Wenn man für eine Eigenschaft besonders bekannt ist, dann macht das eine Person einzigartig. Albert Einstein ist für das Attribut *intelligent* bekannt.

Forscher sagen weiters, dass jedes Produkt eine Mischung aus charakteristischen Merkmalen ist. Wenn ein Produkt für eine Eigenschaft bekannt ist, dann macht das ein Produkt einzigartig – also unique. Darbo steht für naturreine Marmeladen, BWM steht für Fahrfreude und MAM Babyartikel steht für kiefergerechte Baby-Beruhigungssauger.

War Albert Einstein sexy? Nun, nach dem Einstein Gedenkjahr 2005 wissen wir etwas mehr über den ersten Popstar der Physik. Er war ein richtiger Weiberheld. Dadurch wurde er aber nicht berühmt.

Ferrari steht für Geschwindigkeit. Dass das gefährlich sein kann, interessiert Ferrarifahrer nicht.

Der Bonus-Effekt

Wenn Sie ein Attribut im Gedächtnis der Kunden besitzen, dann gestehen Ihnen Ihre Kunden viele weitere Attribute zu, auch wenn Sie das oftmals nicht verdienen.

Ein Erster mit Bio-Catering

Viele Cateringbetriebe schlagen sich nur auf der Preisebene herum. Dr. Hoppe Bio-Catering hat sich auf die Zielgruppe Kindergärten und Schulen fokussiert und bietet biologisch-dynamische kindergerechte Menüs an.

Vom Saatgut bis auf den Teller wird der gesamte Prozess genau überwacht, dass das Essen schmeckt und wirklich gesund ist.

Die Firma Dr. Hoppe Bio-Catering hat dieses Attribut als differenzierende Idee gewählt und mit dem Prinzip des Ersten zu einer mächtigen Strategie gemacht. Kunden sind bereit, etwas mehr dafür zu zahlen.

Das Prinzip der Exklusivität

Zwei Unternehmen können nicht dasselbe Attribut im Gedächtnis der Kunden besitzen. Dennoch versuchen viele, den Marktführer nachzuahmen. „Die müssen ja wissen, wie es geht," so denkt man, „also machen wir etwas Ähnliches, aber besser und billiger."

Falsch gedacht. Viel besser ist es, nach einem gegenteiligen Attribut zu suchen, das Ihnen ermöglicht, gegen den Marktführer vorzugehen.

Bio gegen billig

Claus Hipp ist Pionier des biologischen Landbaus. Die Marke Hipp ist die Nummer 1 bei Babynahrung, vor Alete, obwohl Hipp mehr kostet. Sie sehen, hoher Preis und hoher Marktanteil schließen sich nicht aus.

Hipp ist heute der größte Verarbeiter organisch-biologischer Rohstoffe. Weltweit.

Differenzierung via Leadership

Leadership ist die mächtigste Möglichkeit, eine Marke zu differenzieren. Der Grund dafür ist, dass es die direkteste Art ist, die Beweisführung für eine Marke anzutreten. Die Beweisführung ist die Absicherung, um die Entwicklung Ihrer Marke zu garantieren. Trotzdem fühlen sich viele Manager damit nicht wohl. Viele finden es übertrieben. Menschen setzen aber Größe mit Erfolg, Status und Leadership gleich. Es ist ein großer Fehler, diese Möglichkeit nicht zu nutzen.

Der Olymp im Marketing

Das höchste Ziel im Marketing, das eine Marke erreichen kann, ist, dass sie zum generischen Begriff für die ganze Kategorie wird.

Wenn die vorgegebenen Wörter Klebstoff, Klebestreifen, Papiertaschentücher, Suppenwürze, Dachflächenfenster und Hochleistungsbohrmaschine sind, dann sind die damit verbundenen Marken Uhu, Tixo/Tesa, Tempo, Maggi, Velux und Hilti.

Verschiedene Formen von Leadership

Leadership kann in verschiedenen Formen genutzt werden. Jede davon kann sehr effektiv zur Differenzierung eingesetzt werden.

Marktführerschaft über Marktanteile

Die häufigste Strategie von Marktführern ist zu betonen, wie viel man verkauft. Trodat ist der meistverkaufte selbstfärbende Stempel und das Modell Printy der meistverkaufte Stempel der Welt, mit mehr als 140 Millionen verkauften Stück. Auf jedem Stempel klebt ein Etikett mit dem Text „140 millions sold".

Beate Uhse ist der größte Erotikartikelhändler der Welt, „Sex up your life" der neue Slogan.

Andere Hersteller nehmen dieses Attribut der Marktführerschaft sehr sorgfältig für sich in Anspruch, indem sie in differenzierten Kategorien agieren.

▸▸ Chrysler's Dodge Caravan ist der meistverkaufte Minivan in den USA.

▸▸ Renault Espace ist die meistverkaufte Großraumlimousine Europas.

▸▸ Agilia – Europas führende Customer Care Software

▸▸ Wasserbauer – das führende Fütterungssystem für Rinder

Skidata – der Zutritts-Innovator

Im Jahr 1977 hatte ein Polaroid-Mitarbeiter die Idee, handgeschriebene Ski-Tickets durch professionelle Skipässe zu ersetzen. Heute ist SKIDATA weltweit mit 4.500 Installationen unter härtesten Bedingungen (bei minus 40 Grad in Finnland, Microschnee in Japan und 50 Grad Celsius im Wild Water Wadi Park in Dubai) und permanenter Innovation der klare Technologieführer bei Zutrittssystemen und hat mit der jüngsten Generation – dem Freemotion „Open Gate System", dem weltweit ersten System ohne Drehkreuz – abermals technologisch die Nase vorne.

Und SKIDATA bleibt dran, um den Technologievorsprung zu halten. Das nennen wir konsequente Verfolgung einer klaren Strategie.

Dieser Ansatz des Leadership funktioniert, weil Menschen kaufen, was andere kaufen.

Technologieführerschaft

Wer will nicht von dem Anbieter kaufen, der die beste Technologie anbietet? Sie brauchen aber entweder eine ganze Reihe von technologischen Entwicklungen wie Intel oder eine echte Innovation wie AeroLas.

Der Erfolg liegt in der Luft

AeroLas ist Technologieführer bei Luftlagern (aerostatischen Lagern). Der Durchbruch gelang 1997 mittels modernster lasergesteuerter Fertigungstechnologie. Die Probleme, die damit in der produktiven Industrie gelöst wurden, sind so vielfältig und groß, dass dieses junge Unternehmen bereits nach drei Jahren millionenschwere Lizenzverträge abschließen konnte. Sogar renommierte Wettbewerber wie Westwind/UK oder Global Player wie Siemens, Bosch-Siemens, Daimler Chrysler, Zeiss, Sodick (Jp), Hitachi (Jp) u.a. bauen inzwischen auf die Technologie und das Know-how von AeroLas.

Performance Leadership

Viele Unternehmen haben Produkte, die hinsichtlich der Marktanteile nicht an der Spitze stehen, die aber eine hervorragende Leistung aufweisen. Diese Tatsache kann auch eingesetzt werden, um sich von den weniger leistungsfähigen Mitbewerbern zu differenzieren.

Trotec ist „worldleader in laser engraving technology" in der Branche der Lasergravursysteme. Diese Strategie funktioniert, weil Unternehmen mit genug Geld oft das Beste wollen, auch wenn sie es nicht benötigen.

DIFFERENZIERUNG VIA PRODUKTIONSVERFAHREN

Unternehmen arbeiten oft sehr hart an der Entwicklung von neuen Produkten. Scharen von Ingenieuren, Designern und Produktionsexperten investieren viel Zeit in die Entwicklung und Tests von Dingen, von denen sie glauben, dass sie einzigartig sind und ihren Zweck besser erfüllen als alles andere auf dem Markt.

Aber all das wird von den Marketingleuten, die von ihren eigenen Aktivitäten wie Werbung, Packungsgestaltung und Promotion in Bann gehalten werden, oft als selbstverständlich erachtet.

Wir haben bessere Erfahrungen mit der genauen Auseinandersetzung, mit der Funktionsweise und Herstellungsart von Produkten gemacht. Sehr oft finden wir eine mächtige differenzierende Idee, die ignoriert wurde.

DIE MAGISCHE ZUTAT

Konsumenten wollen glauben, dass ein Produkt eine magische Zutat enthalten kann, die die Produkteigenschaften verbessert. Was diese Zutat genau bewirkt, ist nicht wesentlich. Produkte enthalten oft eine Technologie oder ein Design, das für die Funktion ausschlaggebend ist. Oft ist diese Technologie patentiert. Und trotzdem verwerfen Marketer diese Elemente als zu komplex oder verwirrend, um sie zu erklären. Sie geben eher eine Marktforschung in Auftrag, um herauszufinden, auf welchen Kundennutzen es ankommt oder welche Lifestyle-Erfahrungen damit gemacht werden können. Die Rechtfertigung dafür lautet dann meist so: „Menschen interessiert nicht, wie es produziert wird. Es interessiert sie nur, was es für sie tut."

Das Problem mit dieser Sichtweise ist, dass in vielen Produktkategorien viele Produkte dieselben Dinge für Menschen tun. Alle Zahnpasten schützen vor Karies. Alle Waschmittel waschen sauber. Alle Autos fahren gut. Es ist die Art der Herstellung, die Produkte oft differenziert.

„Hightech-Zutaten"

Je komplexer ein Produkt, desto mehr benötigt es eine magische Zutat, um sich vom Mitbewerb zu differenzieren.

Lindpointner automatisiert manuelle Fertigungsinseln mit Manutronic Automation.

Lancia hat eine neue Technologie für Dieselmotoren entwickelt („Common Rail") und VW hat ein „Pumpe-Düse-Verfahren" entwickelt, um Dieselmotoren noch leistungsstärker zu machen. Was diese Technologie genau bewirkt, ist nicht wichtig, wichtig ist: Diese Dieselmotoren haben ein Drehmoment wie Benzinmotoren.

Hightech-Stöcke in Handarbeit

Bernhard Widmann, ehemaliger Angestellter, hat als aktiver Eisstock-Schütze 1998 begonnen, Eisstöcke in Handarbeit herzustellen. Seit 2000 lebt er ausschließlich davon und hat im Jahr 2005 2000 Eisstöcke verkauft und einen Umsatz von 500.000 Euro erzielt. Seit 2000 hat er die Zulassung der IFE (Internationale Föderation Eisstocksport) für Welt- und Europameisterschaften. Er positioniert sich als Meistermacher. Und immer mehr Profis und Kunden kaufen bei ihm.

Erde mit Nanotechnologie

Wasser ist der wichtigste Rohstoff der Menschheit, nicht Erdöl. Wasser wird allerdings höchst ineffektiv genutzt: nur ein Drittel des in der Landwirtschaft verwendeten Wassers erreicht tatsächlich die Pflanze. Der Rest verdunstet oder versickert ungenutzt. Geohumus ermöglicht es, dass der Boden viermal mehr

Wasser speichern kann. Der Wasserbedarf in der Landwirtschaft sinkt um rund die Hälfte. Geohumus besteht aus sogenannten Superabsorbern. Das sind Substanzen, die extrem viel Flüssigkeit speichern können. Sie sind völlig ungiftig und werden schon seit Jahrzehnten bei Babywindeln und Zahnfüllungen eingesetzt.

Nach vielen Jahren Forschungsarbeit gelang es nun, Superabsorber mithilfe der Nanotechnologie mit Lavagesteinsmehl zu versetzen. Die krümelige Substanz wird in den Boden eingearbeitet und bleibt mehrere Jahre stabil, bevor sie langsam und völlig unschädlich abgebaut wird. Das Interesse der Araber an diesem Produkt ist enorm, denn in manchen Regionen wird 2019 eine Hauptwasserquelle – das fossile Grundwasser – weitgehend verbraucht sein.

2006 erhielt Geohumus für ihre Idee den Deutschen Gründerpreis in der Kategorie Konzept.

DIE KÖNIGSKIRSCHE

Ferrero hat in jedem Stück Mon Chérie eine Piemontkirsche. Das sind angeblich die besten Kirschen der Welt.

EINE NEUE WEINKATEGORIE

Willi Opitz hat mit dem Schilfwein einen neuen Wein erfunden und damit eine neue Kategorie geschaffen. Bei dieser Weinproduktion werden die Trauben Anfang September geerntet und danach fünf Monate auf Schilfmatten gelagert. Dabei konzentrieren sich Frucht, Zucker und Säure und es entsteht ein einzigartiges Produkt. Außerdem schont diese Art der Weinproduktion auch noch den Rebstock. Dieser Wein trägt auch das Etikett „Mr. President," ist Bill Clinton gewidmet und wird von ihm an gute Freunde verschenkt. Diese Erfindung hat sogar dazu geführt, dass das österreichische Weingesetz geändert wurde, da es diese Art der Weinherstellung bis dahin nicht gab.

CRIMINALLY GOOD FOOD

Catering by Iain & Angela – kurz C.I.A. –, so nennt sich das exklusive Cateringunternehmen, welches Angela Opitz und ihr Partner Iain Ashworth 2004 gegründet haben. Gemeinsam bieten sie exklusive „Private Dining" und „Winemakers Dinner" – Events in Kooperation mit dem Weingut Willi Opitz, aber auch direkt bei Ihnen zu Hause. Die raffinierte Kombination von Speisen und Wein auf höchstem internationalem Niveau erlernten die beiden in Häusern wie „The Savoy – London", „The Oak Room Restaurant – Marco Pierre White" (3 Michelin Sterne) oder auch dem „Mandarin Oriental – Hyde Park, London", wo sie sich auch kennen gelernt haben. Im März 2005 stellten sich bereits erste internationale Erfolge ein. Unter dem Motto „5 glorreiche Köche in 5 exquisiten Hotels" wurden Angela & Iain unter den besten Köchen der Welt ausgewählt und zum Internationalen Davidoff Gourmet Festival in Kitzbühel eingeladen, um ihr Können mit „Criminally Good Food" unter Beweis zu stellen.

IST ZIEGEL GLEICH ZIEGEL?

Wenn Sie in einer Kategorie sind, in der alles gleich zu sein scheint, dann achten Sie einmal genau darauf, was ihre Mitbewerber tun. Nehmen wir Ziegel – rote Ziegel. Wir kennen Normziegel, Thermoziegel, Deckenziegel und vielleicht noch Planziegel. Profis kennen natürlich eine Menge mehr Ziegel. Hier geht es um potentielle Hausbaukunden. Und alle Ziegel haben dasselbe Problem. Weil sie alle nur Ziegel sind, unterliegen sie dem Prinzip der Radialität. Mehr als 150 Kilometer Transport macht wirtschaftlich keinen Sinn, weil in diesem Umkreis jeder Ziegelhersteller mehr oder weniger dieselben Ziegel anbietet.

EIN ZIEGEL MIT MEHR „REICHWEITE"

Anders bei Leitl. Leitl hat genau nachgeforscht und entdeckt, dass der Lehm, aus dem die Ziegel hergestellt werden, Heilqualität hat. Willi Dungl, ein sehr renommierter Therapeut für natürliche Heilmethoden, hat die Heilkraft bestätigt. Leitl hat mittels Bionik den ersten Vitalziegel der Welt entwickelt, das Prinzip der Radialität durchbrochen und liefert über den magischen Radius von 150 Kilometern hinaus Vitalziegel. Dieser Ziegel ist in das Vitalhauskonzept eingebettet. Das Konzept wird Mitgliedern des Vitalhaus-Clubs in einer fundierten Schulung vermittelt. Wer diese Schulung nicht macht, bekommt diese Ziegel nicht.

Das ist ein integriertes Konzept – von der Idee bis zur Umsetzung.

Sauerkraut mit Überdruckventil

In den Supermärkten war bis Mitte der 1990er Jahre ausschließlich pasteurisiertes oder chemisch konserviertes Sauerkraut erhältlich. Wirklich frisches Sauerkraut als kalorienarmes Lebensmittel mit gutem Vitamin- und Mineralstoffgehalt wurde nur offen über die Theke verkauft, was für die modernen Supermärkte Nachteile hatte, insbesondere hinsichtlich Handling, Hygiene und Haltbarkeit.

Jörg Moser, ein bis dato regionaler Sauerkrautproduzent, hatte es sich in den Kopf gesetzt, frisches Sauerkraut im Supermarkt zu verkaufen. Er ist Spezialist in Lebensmitteltechnologie und brachte zwei Nutzeninnovationen auf den Markt: frisches Sauerkraut im Beutel und im Kübel mit Folienversiegelung und Frischeventil. Durch ein biologisches Gärverfahren ohne Erhitzung und ohne chemische Konservierung, sondern durch die Möglichkeit, dass natürlich vorhandene Hefen den Fruchtzucker verarbeiten, hat er frisches Sauerkraut haltbar gemacht.

Um Sauerkraut im Supermarkt ungekühlt verkaufen zu können, muss es absolut hygienisch verpackt und mindestens drei Monate haltbar sein. Durch eine innovative Verpackungstechnik mittels Überdruckventil wird auch das ermöglicht.

Mit einer klaren Positionierung (alte Tradition kombiniert mit hochwertiger Lebensmitteltechnologie garantiert Natürlichkeit, Gesundheit und beste Qualität) hat ein kleiner regionaler Sauerkrautanbieter sich mit dieser Innovation am Markt als Marke etabliert und dafür gesorgt, dass es wieder frisches und gesundes Sauerkraut im Supermarkt gibt. Heute verwenden andere Hersteller diese Methode und bringen mehr gesundes Sauerkraut in die Supermarktregale.

DIFFERENZIERUNG VIA DAS NEUESTE

Wir sind es heute gewohnt, dass es immer etwas Neues gibt. Und wenn es um Produkte geht, dann hat uns die Gesellschaft so trainiert, dass wir nach dem Neuesten und „Letzten" suchen. Menschen fühlen sich nicht wohl, wenn sie etwas kaufen, was als altmodisches Produkt wahrgenommen wird. Darum funktioniert diese Strategie so gut. Erfolgreiche Unternehmen setzen daher nicht auf das Bessere, sondern auf das Neueste. Das ist eine sichere Möglichkeit, sich zu differenzieren.

EIN MOBILTELEFON OHNE TASTEN

Vor Erscheinen dieses Buches und vor der Markteinführung des i-phones ist dieses bereits in aller Munde.

Steve Jobs versucht es noch einmal mit einer bahnbrechenden Innovation. Das i-phone, das erste Mobiltelefon ohne konventionelle Tastatur. Nur ein touch-screen.

Wenn Sie diese Zeilen lesen, werden wir schon mehr darüber wissen, wie Menschen dieses Konzept annehmen. Ich wünsche Apple viel Erfolg.

PIAGGIO MP3 SCOOTER

Der MP3 Scooter von Piaggio, benannt nach dem Vespa-Prototypen von 1946, zeichnet sich durch die beiden im Parallelogramm-Federsystem einzeln aufgehängten Vorderräder aus. Ursprünglich wegen der 3-Rad-Technik belächelt, überzeugt er heute als innovativ, trendy und sicher. Wegen der doppelten Bodenhaftung sorgt er selbst bei schlechten Witterungsbedingungen für hohe Kurvenstabilität. Der Bremsweg ist um 20% kürzer und das Parken ohne Ständer sowie die Möglichkeit, anzuhalten ohne die Füße abzusetzen, machen das Leben leichter. Rutschen über die Vorderräder ist so gut wie unmöglich, selbst bei Regen auf Straßenbahnschienen oder Kanaldeckel. Es ist somit gelungen, die Stabilität eines mehrspurigen Fahrzeugs mit der Wendigkeit eines Zweirades zu verbinden. Im Frühjahr 2007 rollte der MP3 Scooter auf den US Markt mit Jahresumsatzerwartungen von 100 Mio. Euro.

DIFFERENZIERUNG VIA TRADITION

Tradition hat die Kraft, Ihr Produkt herauszustellen. Es kann eine mächtige differenzierende Idee sein, da eine natürliche psychologische Bedeutung zu existieren scheint, die Menschen eine gewisse Sicherheit gibt, wenn sie Produkte kaufen, die eine lange Tradition haben. Verhaltensforscher sagen, dass es schwierig ist, ohne eine Verbindung zur Vergangenheit eine Brücke in die Zukunft zu schlagen. Wenn Unternehmen, die fusioniert wurden, ihre Vergangenheit „verlieren", dann fühlen sich Kunden verlassen.

Tradition kann eine fehlende führende Position ersetzen. Wenn ein Unternehmen länger am Markt ist, dann können die Kunden darauf vertrauen, dass sie es mit einem führenden Unternehmen zu tun haben.

Es hängt ganz vom Unternehmensumfeld ab, was wirkungsvoll eingesetzt werden kann.

FAMILIENTRADITION

In einer Welt, in der die Großen größer werden, ist es eine erfolgreiche Art sich zu differenzieren, wenn man ein Familienunternehmen hat. Auch wenn es Steuern und die Nachfolgegeneration nicht immer einfach machen, kann es ein sehr mächtiges Konzept sein, ein Familienunternehmen zusammenzuhalten. Menschen fühlen sich einem Familienunternehmen oft mehr verbunden als einem unpersönlichen Unternehmen, das einer Reihe gieriger Investoren gehört. Familienmitglieder können genauso gierig sein, aber das wird hinter den Kulissen ausgetragen.

In einem Familienunternehmen vermutet man auch mehr Verbundenheit mit dem Produkt als mit dem Aktienkurs. Sie bekommen auch mehr Punkte bezüglich örtlicher Verbundenheit von den Bürgern einer Gemeinde oder Stadt, in der das Unternehmen gegründet wurde. Es wurde außerdem oft festgestellt, dass Familienunternehmen ihre Mitarbeiter wie Familienmitglieder behandeln.

Und Familienunternehmen haben einen weiteren großen Vorteil: Die Entscheidungen können viel rascher getroffen werden, weil nicht zuerst der Aufsichtsrat oder der Investor befragt werden muss.

GEOGRAPHISCHE TRADITION

Menschen assoziieren Produkte mit bestimmten Ländern. Wenn Sie Wodka anbieten und aus Russland kommen, dann passt das. Wenn Sie Computer verkaufen und aus den USA sind, haben Sie einen großen Vorteil. Autos aus Russland sind kein Renner

Der Grund, warum es so wichtig ist, woher Sie kommen, ist der, dass Länder über Produkte differenziert werden können. Das deshalb, weil Länder im Lauf der Jahre für bestimmte Produkte bekannt geworden sind. Ein Land kann einem Produkt eine bestimmte Anzahl von brauchbaren Beweisen geben. Hier eine kurze Liste von Ländern und Produkten, die man miteinander identifiziert:

Vereinigte Staaten	Computer und Flugzeuge
Japan	Autos und Elektronik
Deutschland	Ingenieurskunst und Bier
Schweiz	Bankgeschäfte und Uhren
Italien	Design und Mode
Frankreich	Wein und Parfum
England	Königshaus und Rennwagen
Russland	Wodka und Kaviar
Argentinien	Fleisch und Leder
Neuseeland	Schafe und Kiwis
Österreich	Opernball und Heuriger
Australien	Crocodile Dundee

So macht eine Internet-Security-Software aus Russland Sinn, wenn man in Betracht zieht, dass Russland nach China die Nummer 2 bei Produktion und Versand von Spam und Viren ist. Folglich kann man hoffen, dass entsprechende Software dagegen entsprechend gut schützt.

Hightech aus Argentinien?

Das war der Fall für ein Hightech-Produkt, das aus einem Land kam, das für Steaks berühmt ist und nicht für Halbleiter- oder Lasertechnologien.

Das Unternehmen heißt Multiscan und erzeugt Laser-Barcode-Lesegeräte. Aber es war fraglich, ob ein Hightech-Leader aus Argentinien kommen kann. Glücklicherweise hatte das Unternehmen ein Büro in den USA und sie waren bereit, ihren Ursprung zu verschleiern.

Multiscan hat den Firmensitz von Argentinien in die USA verlegt. Jetzt hatten sie den richtigen Ursprung. Der Erfolg stellte sich sehr bald ein. Der Umsatz wurde bald verzehnfacht, der Export stieg um 60% und es wurde in 55 Länder geliefert.

Porzellan aus England

Der amerikanische Importeur von Royal-Doulton-Porzellan wollte seinem Mitbewerber Lenox etwas entgegensetzen. Nun, Lenox hatte eine Schwäche, es wurde in einem Stadtviertel in Pomona, New Jersey, hergestellt, von dem jeder wusste, dass es ein schmutziges Industrieviertel war. Da klang Stoke-on-Trent, England, viel besser. Und diese Strategie war erfolgreich. Royal Doulton – The China from Stoke-on-Trent, England, vs. Lenox – The China of Pomona, New Jersey. Und in der Werbung wurde erklärt, dass man praktisch für das gleiche Geld ein echtes englisches Porzellan bekommen kann – so weit, so gut.

In England ist die Geschichte nämlich genau umgekehrt. Da kauft kein Mensch Royal Doulton, denn Stoke-on-Trent ist ein genauso schmutziges Industrieviertel wie Pomona, New Jersey. Aber in Amerika ist das nicht wichtig, da kennen nur wenige den Ort in England.

Differenzierung via Spezialisierung

Menschen sind oft beeindruckt von denen, die sich auf eine bestimmte Aktivität oder ein bestimmtes Produkt konzentrieren. Sie nehmen sie als Experten wahr. Und Experten wird oft mehr Wissen und Erfolg zugestanden, als diese manchmal verdienen. Im Gegenzug sagt Kunden der normale Menschenverstand, dass eine einzige Person oder ein Unternehmen nicht Experte in allem sein kann.

Spezialisten haben Waffen

Anhand einiger Gedanken sehen Sie, warum Spezialisierung heute eine so mächtige Möglichkeit für Differenzierung ist.

▸▸ Eine Botschaft
Spezialisten können den Fokus auf eine Botschaft, ein Produkt oder einen Kundennutzen richten. Dieser Fokus ermöglicht dem Marketing, eine messerscharfe Botschaft einzusetzen, die die Idee im Gedächtnis der Kunden verankert.

▸▸ Expertentum
Der Spezialist hat die Chance, seine Kompetenz als Differenzierung festzumachen. Der Spezialist kann zum Experten, zum Besten in einer Kategorie werden.

FOKUS BABY UND KINDER

Die Baby- und Kinderhotels in Österreich können für Eltern mit Babies und Kindern alles anbieten, was anderen Gästen auf die Nerven geht: Kindermenüs, Tollhaus, Spielplatz, Lärm, Tiere, Kindermusik, Schnullerservice und Windelwandermeile.

FOKUS FRAUEN

Lindlpower ist die Karriereplattform, die sich auf die Vermittlung, auf Karrierecoaching und Bewerbertraining von Frauen spezialisiert hat. Manuela Lindlbauer zeigt, was Frauenpower ist.

ARCHITEKTUR MIT FOKUS

Reiter/Viollét, zwei international ausgebildete Architekten, haben sich auf *Corporate Architecture* spezialisiert. Sie haben zusätzlich eine Methode entwickelt, mit der sie die Raumkonzeption nach den Erfordernissen der organisatorischen Abläufe entwickeln. Das spart Zeit und verbessert die Kommunikations- und Arbeitsabläufe im Unternehmen nachhaltig.

DER FÜHRENDE MINI-SPEZIALIST

Das Mini-Center in Madrid ist fokussiert auf alte Mini-Cooper. Das Auto ist nicht ganz einfach zu servicieren. Der Profi kann das. 1600 Kunden in und um Madrid sind ausreichend. BMW schickt sogar seine Mini-Kunden dort hin. Das einzige Marketinginstrument ist eine Visitenkarte. Jeder Kunde wird gebeten, bei jedem Mini, den er sieht, eine Karte zu hinterlassen.

Im Club Español del Mini ist der spanische König Ehrenmitglied, weil er privat als einziges Auto einen Mini besaß, und gestattet die Führung der Königskrone im Clubwappen.

Genauso gut geht es Stoffis Garage, die sich auf Vesparoller spezialisiert hat. Der Bursche weiß alles von der Geburt der Legende *Vespa* bis heute. Und hat alle Ersatzteile lagernd.

TEGUT „GIBT DEM LEBEN NAHRUNG"

Gute Lebensmittel anzubieten ist ein erklärtes Ziel des Handelsunternehmens. Tegut setzt auf direkten Kontakt mit engagierten Erzeugern und langfristige Lieferantenbeziehungen. Landwirtschaftliche Erzeugerzusammenschlüsse wurden von tegut ins Leben gerufen.

In den Märkten findet man gute Lebensmittel, angeordnet nach dem Tagesablauf: Frühstück – Mittagessen – Abendessen. Wo man sich wohlfühlt, da hat man keine Eile. Verkostungen bei tegut sind sehr erfolgreich.

Eine Kundenbefragung, durchgeführt von der ServiceBarometer AG, hat gezeigt, dass tegut der kundenorientierteste Lebensmitteleinzelhandel 2006 in Deutschland ist.

Gegründet 1947, hat Tegut heute mehr als 300 Filialen mit rund 5.800 Mitarbeitern und 1.064.000.000 Euro Umsatz 2006).

DIFFERENZIERUNG UND WANDEL

Zahlreiche Unternehmen haben im Umgang mit dem Wandel Probleme. Sie scheinen sich förmlich an die Vergangenheit zu klammern und wollen die Veränderung nicht wahrhaben.

Für Manche ist das ein Vorteil, wie für eine kleine Gerberei, die spezielle Dichtungsleder nach einem Jahrhunderte alten Verfahren gerbt, damit das Leder höchsten Anforderungen (bis zu 600 Atm. Druck) gerecht wird. Das ist dreihundert Mal so viel Druck wie in einem normalen PKW-Reifen.

Für andere Unternehmen bringt das große Probleme. Polaroid hat die digitale Fotografie verschlafen, Kodak hat keine neue Marke auf den Markt gebracht, die sich als Digitalkamera positionieren hätte können. Hier sind die Spezialisten schneller gewesen, die mit Hightech befasst sind: Canon, Minolta, JVC, Sony etc.

WEITERENTWICKLUNG DER POSITIONIERUNG

Wenn Sie nach allen Anstrengungen eine stimmige Strategie entwickelt haben und bereit sind, alle Änderungen im Unternehmen durchzuziehen, um die Möglichkeiten am Markt zu verwerten, dann müssen Sie dem Konzept Zeit geben, um sich zu entfalten. Marketingmaßnahmen brauchen Zeit, daher sollten Sie den Kurs beibehalten.

DIFFERENZIERUNG ERFORDERT OPFERBEREITSCHAFT

> WEGLASSEN IST DIE VORRAUSSETZUNG FÜR WACHSTUM
>
> UNBEKANNT

Wie Sie schon gelesen haben, kann es schlecht sein, wenn Sie zu viel von einer Marke verlangen. Das bedeutet umgekehrt: Wenn Sie etwas aufgeben, dann kann das gut für Ihr Geschäft sein.

Opfer Nummer 1 – Kundennutzen

Vom Nowhere Man zum Partner für die Baubranche

Eines von Tausenden Planungsbüros wollte möglichst viel anbieten, um möglichst viele Aufträge zu bekommen. Das machen die meisten anderen Planungsbüros auch.

Stefan Kessler, der Eigentümer, hat aber etwas entwickelt, womit das in der Branche leidige Problem der Baukosten-überschreitung in den Griff zu bekommen ist. Er hat ein System, das mittels einer Standardsoftware entwickelt wurde, zur Perfektion gebracht und sich auf systematisches Projekt-controlling im Objektbau spezialisiert.

Die Sensation in der Branche ist aber, dass er ab Projektver-gabe eine 100%-ige Kostengarantie geben kann. Damit ist er plötzlich gern gesehener Partner bei Architekten, Bauherren und Baufirmen. Bis dahin haben ihn viele als Konkurrenten gesehen.

Die neue Positionierung: Kessler – systematisches Projekt-controlling im Objektbau, mit 100% Kostengarantie.

Das Ergebnis: 100% Wachstum im darauf folgenden Jahr, Verdoppelung der Anzahl der Mitarbeiter.

Volvo und Sicherheit

Was Volvo übersehen hat, während man mit Cabrios, Coupes und sportlichen Autos herumexperimentiert hat, war der All-radantrieb. Der erhöht nämlich die Sicherheit beim Fahren. Allradfans bedienen sich heute bei Audi, Jeep etc. Volvo hat die Chance verpasst und viel zu spät ein vierradgetriebenes Modell angeboten.

OPFER NUMMER 2 – PRODUKTLINIE

Beibehaltung der Fokussierung auf ein Produkt ist der „Alles-für-jeden-Strategie" überlegen – außer sie verwenden mehrere Marken.

WWW.BLACKSOCKS.COM

Samy Liechti verkauft als erster Unternehmer der Welt Abos für schwarze Socken über das Internet: keine weißen, roten, blauen, grünen oder braunen – nur schwarze. Die Entscheidungen, die Sie treffen können, sind zwischen vier Qualitäten und dem Lieferrhythmus – monatlich, halbjährlich oder ein beliebiges anderes Zeitintervall.

Dieses Unternehmen hat Venture-Kapital-Geber abgewiesen und wächst solide aus eigener Kraft.

OPFER NUMMER 3 – ZIELSEGMENT

Die Schlüsselphilosophie für viele Unternehmen scheint zu sein: „Tun, was der Markt verlangt."

Wenn Sie aber fokussiert auf ein bestimmtes Segment bleiben, dann kann Ihr Produkt das dominierende in diesem Segment werden.

Pepsi ist das Cola-Getränk für die junge Generation, Kinderhotels die erste Adresse für Familienurlaube.

Wenn Sie ständig nach einem anderen Zielsegment jagen, dann sind die Chancen hoch, dass Sie Ihre Kunden „verjagen".

Was immer Sie tun, Sie sollten nicht gierig werden, sondern Ihrem Produkt, Ihrer Differenzierung und Ihrem Zielsegment treu bleiben.

Wie kann man Opfer schmackhaft machen?

Wenn Unternehmen etwas opfern sollen, dann sind sie oft aufgebracht. Niemand will gerne etwas opfern, um sich einzuschränken, oder sich in einem limitierten Markt bewegen.

Jetzt kommt die gute Nachricht: Was Sie bewerben, was Sie verkaufen und womit Sie Geld verdienen, das können drei verschiedene Dinge sein.

Nehmen wir Haribo-Goldbären. In der Werbung wird nur über die Gummibärchen gesprochen. Haribo macht damit auch rund 70% des Umsatzes und nur 30% mit anderen Produkten.

Verstehen Sie uns richtig: In vielen Fällen ist das Opfer dadurch zu erbringen, was Sie kommunizieren und wie die Botschaft auszusehen hat, um am Markt als anders wahrgenommen zu werden. Wenn die Kunden erst bei Ihnen kaufen, dann können Sie ihnen weitere Produkte verkaufen. Und ihr Geld verdienen Sie vielleicht mit dem Service dafür.

Opfern bedeutet, dass Sie sich in der Art Ihrer Kommunikation gegenüber Ihren Kunden limitieren. Sie sind nicht limitiert darin, was Sie Ihren Kunden verkaufen. Fokussieren Sie sich auf die wichtigste und differenzierende Botschaft.

Geht es Ihnen jetzt besser?

Die Schritte zur Differenzierung

Wenn Sie nun die differenzierende Idee gefunden haben, hängt alles davon ab, wie Sie diese Idee in eine Strategie einbetten und mit einem integrierten Marketing zum Erfolg machen.

Es geht ausschließlich um Logik, eine Wissenschaft, die sich mit den Regeln und Untersuchungen folgerichtigen Denkens befasst.

Die Kraft der Logik

Im Duden wird ein logisches Argument definiert als stichhaltig, zwingend, überzeugend, einleuchtend und klar.

Klingt das nicht nach etwas, was Sie für die Unterstützung Ihres Verkaufes brauchen könnten? Und wie Sie das brauchen! Und wie viele logische Argumente finden Sie in der Welt des Marketings? Nur sehr wenige. Die fehlende Logik ist schuld am Scheitern vieler Programme. Wenn Sie einen logischen Aspekt haben, dann stehen die Chancen zu gewinnen sehr gut.

Wenn A TEC weltweit führend in der Zement-Prozesstechnologie ist, dann sollte es in der Lage sein, Zementanlagen besser zu optimieren.

Wenn Nokia die meisten Mobiltelefone der Welt verkauft, dann sollten diese Handys den Wünschen der Kunden entsprechen und gut sein.

Bevor Sie mit Ihrer Idee loslegen, um die Presse für sie zu gewinnen, sollten Sie ein Programm zusammenstellen. Die Ergebnisse sollten Sie in einem klaren Briefing mit der differenzierenden Idee und der angestrebten Positionierung für die Agentur schriftlich ausformulieren und die Umsetzung einfordern.

Schritt 1:
Die Botschaft braucht einen Kontext

Argumente entstehen niemals im Vakuum. Es gibt immer einen Mitbewerber, der sein eigenes Geschäft machen will. Ihre Botschaft muss im Unternehmenskontext Sinn machen.

Was Sie wirklich brauchen, ist ein Schnappschuss davon, was im Gedächtnis der Kunden gespeichert ist, keine tiefschürfenden Gedanken. Was Sie wissen wollen, sind die wahrgenommenen Stärken und Schwächen von Ihnen und

Ihren Mitbewerbern, so wie Sie im Gedächtnis der Kunden Ihrer Zielgruppe existieren.

Unsere beliebteste Methode der Marktforschung ist, die wichtigsten Attribute, die eine Kategorie einschließt, aufzulisten und dann auf einer Skala von 1 bis 4 bewerten zu lassen. Das wird im direkten Vergleich mit jedem einzelnen Mitbewerber gemacht. Das Ziel ist es, herauszufinden, wer welches Attribut oder welches Konzept in einer Kategorie besitzt. Das ist dann der Kontext für Ihr Argument.

Der Kontext schließt auch ein, was am Markt passiert. Ist die Zeit reif für Ihre Idee?

Schritt 2: Die differenzierende Idee

Suchen Sie nach etwas, das Sie vom Mitbewerb unterscheidet. Das Geheimnis ist, dass diese Differenzierung nicht mit dem Produkt zusammenhängen muss. Der Trick besteht darin, eine Differenzierung zu finden, die dann einen Nutzen für Ihre Kunden stiftet. Sie müssen also mit Ihrer Idee auf ein vorhandenes oder neues Kundenproblem reagieren.

Schritt 3: Die glaubwürdige Beweisführung

Um eine logische Beweisführung für Ihre Differenzierung aufzubauen, benötigen Sie die glaubwürdigen Argumente zur Absicherung. Sie müssen in der Lage sein, Ihre Differenzierung zu demonstrieren und zu beweisen.

SCHRITT 4:
KOMMUNIZIEREN SIE DEN UNTERSCHIED

Wenn Sie ein differenziertes Produkt haben, wird die Welt Ihnen nicht gleich die Türen einrennen. Bessere Produkte gewinnen nicht. Bessere Wahrnehmungen sind die Gewinner. Die Wahrheit wird nicht ans Tageslicht kommen, wenn sie keine Unterstützung hat.

Jeder Aspekt Ihrer Kommunikation sollte Ihre Differenzierung kommunizieren: die Werbung, die PR, Ihre Broschüren, Ihre Website und Ihre Verkaufspräsentationen. Dieselbe Botschaft sollte über alle Kanäle kommuniziert werden. Sonst verschwenden Sie Ihr Marketing-Budget.

Sie können Ihre Differenzierung nicht oft genug kommunizieren. Eine wirklich differenzierende Idee ist auch ein richtiges Motivationselement.

Mit dem Thema Motivation wird aber viel Unsinn getrieben. Mitarbeiter brauchen keine mystischen Antworten auf die Frage, wie man die ungenutzten Potentiale erschließt. Die Frage, die beantwortet werden sollte, ist: „Was unterscheidet dieses Unternehmen?"

Wirkliche Motivation beginnt mit der Waffe einer differenzierenden Idee. Dann fordern Sie Ihr Team in Verkauf, Produktentwicklung, Technik, wo immer Sie arbeiten, auf, das zum Leben zu erwecken.

Daher muss die Idee so einfach und verständlich sein, dass sie von der Putzfrau bis zum Aufsichtsratsvorsitzenden verstanden und gelebt werden kann.

DER PUNKT IST! Wenn Sie keine differenzierende Idee einsetzen, dann sollten Sie einen besseren Preis haben.

4. Marketing-Strategie

> BECAUSE THE PURPOSE OF BUSINESS
> IS TO CREATE AND KEEP A CUSTOMER,
> THE BUSINESS ENTERPRISE HAS TWO
> – AND ONLY THESE TWO – BASIC
> FUNCTIONS: MARKETING AND INNOVA-
> TION.
> MARKETING AND INNOVATION PRODU-
> CE RESULTS; ALL THE REST ARE
> COSTS. MARKETING IS THE DISTIN-
> GUISHING, UNIQUE FUNCTION OF THE
> BUSINESS.
>
> PETER F. DRUCKER
> MANAGEMENT-VORDENKER

Nach mehr als zwanzig Jahren praktischer Erfahrung in Strategie und Marketing, durch die Tätigkeit im Netzwerk des weltweit führenden Experten für strategische Positionierung, in Projekten in den verschiedenen Segmenten habe ich eines festgestellt. Die Menschen, erfahren oder nicht erfahren, stellen immer wieder die gleichen Fragen über Marketing.

Diese Fragen sollen in diesem Teil in Form eines Überlebensleitfadens, der Ihnen die wesentlichen Züge erfolgreichen Marketings näher bringt, beantwortet werden.

Wenn nun Marketing die wichtigste Funktion eines Unternehmens ist, dann sollen die letztendlichen Entscheidungsträger im Unternehmen auch dafür gerüstet sein. Viele bringen aber wenig bis gar keine Erfahrung im Marketing mit. Das ist insbesondere dann wichtig, wenn Sie gerade die Verantwortung für ein Unternehmen übernommen haben.

DIE ESSENZ DES MARKETINGS

**Marketing ist ganz einfach herauszufinden,
was zu unternehmen ist, um Ihr Produkt oder Service
mit Gewinn zu verkaufen.
Das ist das ganze Geheimnis des Marketings.**

Dazu eine Analogie. Vor vielen Jahren hat ein berühmter Film-produzent über die endlose Anzahl von Menschen erzählt, die mit ihrer Idee für einen Film zu ihm gekommen sind.

Er hat erzählt, dass er ihnen geantwortet habe, sie sollten die Idee auf die Rückseite seiner Visitkarte schreiben. Als sie sich beschwerten, dass dort nicht genug Platz sei, antwortete er, wenn sie die Idee nicht auf die Karte schreiben könnten, dann sei die Idee nicht einfach genug, um daraus einen guten Film zu machen.

Gutes Marketing ist wie eine Filmproduktion. Das Pro-dukt ist der Star, jeder und alles in diesem Film ist Teil einer einfachen Geschichte darüber, dass dieses Produkt anders ist und anstatt eines Konkurrenzproduktes gekauft werden soll.

Soll ein Produkt ein Problem lösen, dann dramatisieren Sie zuerst dieses Problem, um dann Ihr Produkt als die Lösung für dieses Problem ins Spiel zu bringen.

Wenn Sie die neue Generation eines Produktes vorstellen, dann benutzen Sie die vorhergehende Generation zur Drama-tisierung Ihrer Produktneuheit.

Wenn Sie einen großen Konkurrenten haben, dann posi-tionieren Sie sich als gute Alternative dazu.

GOLD FINGER ODER
THE WINE WITH THE FINGERPRINT

Der Schilfwein von Willi Opitz ist der erste Wein, der kein Etikett trägt. Jede Flasche wird persönlich von Willi Opitz mit goldenem Lackstift mit „Opitz One" beschriftet, signiert und am Flaschenhals mit dem Fingerabdruck des Erfinders in Gold versehen. Japaner kaufen *the wine with the fingerprint*" und die Engländer nennen ihn passender Weise *„Goldfinger.*"

DER BEGINN EINER NEUEN MARKETINGÄRA

Die Lösung für das Dilemma im Marketing, wie Marken einzigartig werden können, begann im Jahr 1960. Rosser Reeves schrieb damals das Buch „Reality in Advertising" und brachte die Phrase U.S.P. ins Spiel – die **Unique Selling Proposition.**

Er definierte U.S.P. folgendermaßen:
- Jede Anzeige muss für den Konsumenten einen Nutzenanspruch bieten.
- Dieser Nutzen kann oder darf von den Mitbewerbern nicht angeboten werden. Er muss einzigartig sein.
- Dieser Nutzen muss so stark sein, dass er in der Lage ist, neue Kunden zum Kauf des Produktes zu bewegen.

Das war der Beginn einer neuen Ära im Marketing. Es war eine große Sache. Aber Manager haben sich zunehmend davon entfernt. Und Rosser Reeves hat diesen Ansatz nie weiterentwickelt und blieb auf der Nutzenebene.

Heute ist es wesentlich schwieriger, sich über ein Produktmerkmal zu differenzieren.

Das hat mit der Flut neuer Produkte zu tun. Es ist fast unmöglich, Angebote zu vergleichen, die nur mit marginalen Produktneuheiten aufwarten. (Jetzt hat Zewa Wisch und Weg den Turbo Absorber. Das interessiert keinen Menschen).

Und die Konkurrenz hat meist nichts Besseres zu tun, als mit einer neuen Produktmodifikation aufzuwarten. Konkurrierende Produkte werden immer ähnlicher. Technologie macht es der Konkurrenz möglich, Produkte auseinanderzunehmen, die Entwicklung zu kopieren und mit neuen Pro-dukt-Features auf den Markt zu kommen, bevor Sie selbst es schaffen. Denken Sie an den Wirbel, den es Weihnachten 2005 um X-BOX und Sony Playstation gegeben hat. Wegen einer „verschwundenen" X-BOX hat es in Deutschland Ermittlungen des Bundeskriminalamts gegeben.

Und es hat mit der Geschwindigkeit zu tun. Denken Sie an Intel, mit welcher Innovationsrate sie immer noch leistungs-fähigere Chips auf den Markt bringen.

Es ist beinahe unmöglich, sich über Produktmerkmale zu differenzieren. Die Geschwindigkeit ist zu hoch geworden.

ÜBERALL U.S.P. UND DOCH KEIN UNTERSCHIED

Rechtsanwälte dürfen endlich etwas Werbung machen und reden von U.S.P, ebenso Ärzte, Steuerberater, Non Profit Organisationen etc. Das Thema ist in die bisher von Marke-ting unberührten Branchen vorgedrungen. Das hat den Druck noch erhöht. Die Verwirrung auch.

ES IST NICHT UNMÖGLICH

A TEC, ein 10 Jahre junges Technologie-Spin-off eines globa-len Hi-Tech-Konzerns, hat sich mit Hightech auf die Optimie-rung von Zementanlagen spezialisiert. Mit dem Hurriclon®, einem Fliehkraftabscheider, hat alles begonnen. Zu Beginn wurde mit diesem patentierten Bauteil die Zementabschei-dung in Wärmetauschern verbessert. Damit konnten der Druckverlust gesenkt und die Effizienz gesteigert werden.

Das Unternehmen hat den Fokus beibehalten und neue Komponenten und Engineering-Prozesse für den Pyroprozess, das Herz von Zementanlagen, entwickelt und perfektioniert.

Heute hat sich A TEC als der weltweit führende Spezialist für Pyro-Prozesstechnologie in Zementanlagen positioniert, mit drei fachlichen Schwerpunkten: Energieoptimierung, Effizienzsteigerung und Umwelttechnologie. Optimierungsinvestitionen amortisieren sich in weniger als einem Jahr. Die Auftragsbücher sind über ein Jahr im Voraus gefüllt.

Von Extremsportlern getestet

Outdoorbekleidung für Extremsportarten ist heute ein interessanter Markt. Können Sie mir sagen, welche Marke hier den Anforderungen am besten entspricht? Das ist auch gar nicht wichtig. Northland, eine Marke, wurde von einem Extremsportler entwickelt, der seinerzeit keine Bekleidung fand, die seinen Anforderungen entsprach. Heute lässt er neue Produkte von den besten Extremsportlern testen. Das differenziert klar. Damit können Sie sicher sein, dass Northland den extremsten Bedingungen gerecht wird.

Bei Nike-Sportschuhen geht es nicht mehr darum, ob die Schuhe gut sind. Der Luftpolster unter der Ferse, der Nike erfolgreich gemacht hat, ist längst nicht mehr zentrales Thema in der Kommunikation. Nike nutzt mit den besten 4.000 Sportlern der Welt als Testimonials das Prinzip der Unsicherheit bei Kaufentscheidungen und gibt damit Kunden Sicherheit beim Kauf.

Marketing Budgets

Wie viel Prozent des Umsatzes soll für Marketing ausgegeben werden? Das sorgt für heiße Diskussionen mit Finanzleuten im Unternehmen.

Ganz einfach: so viel, dass es klappt.

Hier die wesentlichen Richtlinien.

Schritt 1: Der Plan

Verfassen Sie für jedes Produkt einen Marketingplan, der das Produkt im Lebenszyklus zeigt. Ist es ein neuer Markt? Wie groß ist die Wettbewerbsintensität? Wie sieht es mit Differenzierung aus? Wie nehmen die Kunden Ihre und wie die Produkte der Konkurrenz wahr?

Schritt 2: Reihen der Produktchancen

Reihen Sie die Produktchancen. Können Sie einen höheren Preis verlangen? Haben Sie eine neue Generation von Produkten, mit der Sie eine Leadership-Position einnehmen können? Handelt es sich um Massenware mit Hyperwettbewerb?

Keine leichte Aufgabe. Sie müssen in die Zukunft schauen. Was Sie hier tun sollten, ist, jedes Produkt oder jede Dienstleistung danach zu bewerten, wo die besten Chancen liegen, Investitionen zu verdienen und Gewinne zu machen.

Ein wichtiger Tipp: Bewerten Sie Ihre Konkurrenz. Je schwächer sie ist, umso besser stehen Ihre Chancen.

Gegen professionelle und etablierte Konkurrenten zu kämpfen macht keinen Spaß.

Schritt 3: Zuordnung der Werbeziele

Ordnen Sie die Werbeziele zu. Nachdem Werbung der teuerste Teil im Marketing ist, sollten Sie Ihr Geld dort ausgeben, wo es die beste Wirkung hat. Und Sie sollten genug davon ausgeben, um dem Zielmarkt Ihre Geschichte zu kommunizieren.

Werbung eignet sich zur Schaffung von Aufmerksamkeit bei Neuprodukten, neuen Ideen und bei der Dramatisierung im Vergleich.

Werbung ist nicht sehr effektiv, wenn Sie Kunden überzeugen oder deren Einstellung verändern wollen. Werbung ist nicht effektiv, wenn sie nur der Unterhaltung dient und nicht der Kommunikation der Differenzierung.

SCHRITT 4: EINHALTUNG DES BUDGETS

Stopp, wenn das Geld aus ist. Hier sollten Sie als Unternehmer hartnäckig sein. Wenn Sie alle Werbeaktivitäten nach Prioritäten hinsichtlich Gewinn und effektiven Zielen gereiht haben, arbeiten Sie von oben nach unten. Setzen Sie um, soweit das Budget reicht. Wenn nur drei Programme möglich sind, dann eben nur drei. Wenn Sie die Grenze erreicht haben, dann müssen die anderen Programme warten, bis sie im neuen Jahr neu gereiht werden.

Sie wollen mit Ihrem Geld maximale Ergebnisse erreichen. Dann legen Sie all Ihre Anstrengungen in diese Story und orchestrieren Sie mit Marketing. Umsetzung ist die Brücke zwischen guter Planung und guten Ergebnissen.

Und dann bleiben Sie an Ihren Kunden dran. Auch wenn Sie wegen einer Reklamation verärgert sind, setzen Sie sich sofort mit ihnen in Verbindung und sagen Sie, dass es Ihnen leid tut. Bieten Sie den Kunden eine Entschädigung für die Schwierigkeiten, die sie gehabt haben.

Der Mobilfunkanbieter Drei hatte zu Beginn sicher mehr Marketingbudget als Umsatz. Es ging um die Eroberung des Marktes für Videotelefonie. Die „heimlichen Gewinner" im gleichnamigen Buch von Hermann Simon haben unterdurchschnittlich wenig Marketingbudget. Willi Opitz gibt rund 1% des Umsatzes für Marketing aus.

Manchmal müssen Sie sich an der Konkurrenz ausrichten, dann an den Profitvorgaben des Eigentümers und ein anderes Mal an der Vorgabe der Werbeagentur.

Eines ist aber sicher. Jungunternehmer können bei intelligentem und gezieltem Marketing mit sehr wenig Budget auskommen. Eine Grundregel dazu lautet: Neue Ideen werden mit PR (Public Relations) bekannt gemacht. Wenn Sie dieses Instrument richtig einsetzen, dann bekommen Sie einen vielfachen medialen Gegenwert Ihres Aufwandes.

Felix Baumgartner war am Tag nach der Überquerung des Ärmelkanals mit seinem Red-Bull-Kohlefaserflügel in Nahaufnahme auf jeder Titelseite der Tagespresse rund um die Welt. Medialer Gegenwert mehr als 100 Mio. Euro.

Branding

Branding ist heute eines der heißesten Themen im Marketing.

> **Products are created in the factory, but brands are created in the mind.**
>
> Walter Landor
> Werbemann

Die Marke als Rettungsanker

Immer mehr wird die Marke als Rettungsanker verwendet. Kein Lebensbereich scheint gegen die Magie der Marke gefeit. Caritas, Greenpeace, ÖBB, DB, alle hat das Markenfieber erfasst. Jetzt wird sogar am Kapitalmarkt heftig *gebrandet*.

Merkmale einer Marke

- Keine austauschbaren Produkte
- Konsistente Qualität über die ganze Leistungspalette. Die ÖBB, aber auch die DB haben vom hochmodernen ICE bis zum Bummelbahnhof alles im Portfolio. Das ist mit einem Markenanspruch unvereinbar.
- Klare Positionierung
- Erfahrung, Bewährung, Vertrauen – unbezahlbare Werte
- Marken erzielen einen höheren Preis.
- Unerschütterliche Konsequenz

DER K®AMPF DER MARKEN

Laut jüngsten Erhebungen werden täglich rund 5.000 Marketingbotschaften auf jeden von uns abgefeuert. Früher waren es Radio, Fernsehen und Print. Heute sind es Leuchtschilder, WC-Plakate, Kappen, Schirme, Mülltonnen, Parkbänke, Heißluftballons, Kaffeetassen, Regalhänger, Kontaktlinsen in den Augen von Spitzensportlern. Es prasselt auf uns ein, ohne uns zu beirren. Warum? Es interessiert uns einfach nicht mehr.

Unsere Köpfe sind voll von Marken. Wir haben von allem und jedem zu viel. In Österreich waren Ende 2006 112.403, in Deutschland 752.343 Marken registriert. Insgesamt gibt es Mehr als 1,2 Millionen aktive Marken mit Schutz in Deutschland (registrierte und nicht registrierte Marken). Und es geht munter weiter. 2006 gab es 72.321 nationale Markenanmeldungen in Deutschland. Europaweit gab es 2006 fast 2,5 Mio Marken, weltweit laut WIPO 2004 mehr als 5,4 Mio.

DIE KRAFT DER MARKE

Der Name ist der Anker, mit dem Sie Ihre Botschaft im Gedächtnis der Kunden verankern. Darum ist die wichtigste Marketingentscheidung die, wie Sie ihr Produkt benennen.

WIE WÄHLEN SIE EINEN NAMEN?

In früheren Jahren reichte es, wenn Sie den Namen eines französischen Rennfahrers (Chevrolet) oder der Tochter des Pariser Repräsentanten nahmen (Mercedes) oder den einer amerikanischen Rennstrecke (Carrera). Das funktioniert heute nicht mehr notwendigerweise, zumal damals lediglich einige tausend, heute jedoch viele Millionen Markennamen um die Aufmerksamkeit ihrer Zielgruppen buhlen.

Heute ist ein guter Name die wichtigste Voraussetzung, um im Gedächtnis zu bleiben. Suchen Sie nach einem Namen, der den Positionierungsprozess in Gang setzt, indem er den wichtigsten Produktnutzen kommuniziert, wie etwa Duracell oder Weißer Riese, oder wählen Sie ihn so einzigartig, dass der Name zum Synonym für alle Produkte in dieser Kategorie werden kann (Xerox, Uhu, Tesa, Loctite). Das funktioniert allerdings nur, wenn Sie der Erste in einer Kategorie sind, und kann langfristig auch Nachteile mit sich bringen: Denn wer heute Tesa verlangt, bekommt oft auch ein anderes Produkt der gleichen Kategorie.

▸▸ *Kamasutra* ist ein sehr guter Name für Premium-Condome und war in Indien die erfolgreichste Markteinführung des Jahres.

▸▸ *Pondball* ist ein sehr prägnanter Name für die erste Teichpumpe der Welt von Herrn Hackl.

▸▸ *Pink Kiss* ist ein toller neuer Name für einen Rosé-Wein und *Pole Position* die passende Idee von Willi Opitz für den ersten jungen Wein.

Ein starker, dem generischen Begriff naher Name kann Mitbewerber abhalten, sich in dieses Segment vorzuwagen, sofern er massiv kommuniziert wird. Die Möglichkeiten der Verwendung rein generischer Begriffe sind allerdings markengesetzlich stark eingeschränkt.

Ein guter Name sollte monopolisierbar sein. Wenn er dann auch noch leicht zu merken und gut zu sprechen ist und in den marktrelevanten Sprachen keine unerwünschte Bedeutung aufweist, bildet er die Absicherung für langfristigen Erfolg.

Etwas Marken-Grammatik

Was sich Menschen merken, sind Markennamen und prägnante Botschaften zur Marke mit einem Versprechen, einem Fokus, einer Idee.

Wir merken uns nicht nur Slogans (und schon gar keine schlechten), wir merken uns Markennamen. Daher ist die wichtigste Entscheidung im Marketing, wie Sie das Produkt benennen.

Der Abruf einer Marke aus dem Gedächtnis der Kunden erfolgt dann durch ein Schlüsselwort. Das sollte im Idealfall der Slogan sein, der die differenzierende Positionierung kommuniziert.

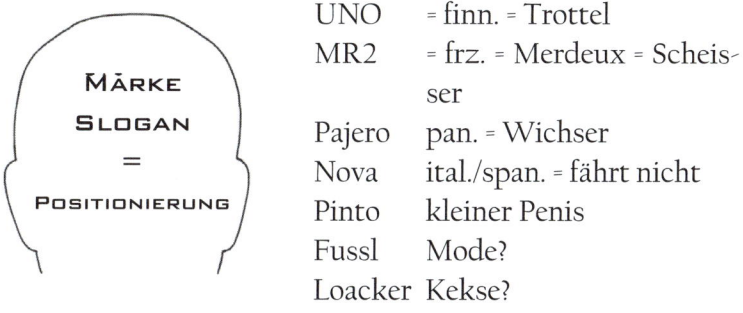

UNO	= finn.	= Trottel
MR2	= frz.	= Merdeux = Scheisser
Pajero	pan.	= Wichser
Nova	ital./span.	= fährt nicht
Pinto	kleiner Penis	
Fussl	Mode?	
Loacker	Kekse?	

Fürchterliche Markennamen

Ganz schlecht sind z.B. ABC-Suppen und Phantasienamen, die unmöglich zu merken sind. Aber meist sind Unternehmer in ihre Markenkreation so verliebt, dass sie die Objektivität völlig verlieren.

Chinese Gooseberry war ein Flop, aber Kiwis kauft die ganze Welt.

Acht Attribute für gute Markennamen

Der Name soll kurz und einfach sein, kann suggestiv für die Kategorie sein. Er soll einzigartig, alliterativ, gut sprechbar sein und kann schockierend oder personalisiert sein.

Hollywood hat die Lektion drauf

Sagen Ihnen die Namen Krishna Banji, Michael Shalhouz, Tatanka Iyotake und Bernhard Schwartz etwas? Das waren die bürgerlichen Namen von Ben Kingsley, Omar Sharif, Häuptling Sitting Bull und Tony Curtis. Einverstanden, dass diese welt-bekannten Menschen mit ihrem bürgerlichen Namen Schwie-rigkeiten gehabt hätten? Die Künstlernamen dagegen sind alle sehr prägnant und haben die Attribute einer guten Marke.

Ein gutes Branding-Programm soll eine Marke mit einer differenzierenden Idee im Gedächtnis der Kunden etablieren.

Laut einer Studie von Copernicus, einem Marktfor-schungsunternehmen, wurden 40 von 48 Marken immer ähn-licher. Die Ursachen sind:

▸▸ Die Verlagerung von Markenprogrammen zu Promotions-programmen
▸▸ Weg von informativer Werbung, hin zu unterhaltender Werbung
▸▸ Das Fehlen eines klaren Unterscheidungsmerkmales

All das treibt Branding immer mehr in Richtung Pricing.

Marken und Wachstum

Wenn es einen Schuldigen gibt, warum Marken ihre Einzigar-tigkeit verlieren, dann geht unsere Stimme an das Konzept „Wachstumsrate". Der Wunsch nach Wachstum ist schein-bar ein Reflex. Vermutlich, weil die Entlohnung oft davon abhängt. CEOs streben Wachstum an, um ihre Amtszeit zu verlängern und ihre Nettobezüge zu vergrößern.

Börsenbroker verfolgen Wachstumsziele, um ihren Ruf abzusichern und ihre Prämien zu vermehren. Aber ist das not-wendig? Wie Milton Friedman sagt: *„Wir haben keine unbedingte Notwendigkeit zu wachsen. Wir haben ein verzweifeltes Verlangen nach Wachstum."*

Unserer Meinung nach passieren zwei böse Dinge, wenn Unternehmen dem Wachstumsgott frönen. Erstens werden sie abgelenkt und verpassen Gelegenheiten, um nachzusetzen, und zweitens versäumen sie, die differenzierende Idee in Beschlag zu nehmen oder sie größer und wichtiger zu machen.

Die zwei größten Gefahren für eine erfolgreiche Branding-strategie sind der Verlust der Fokussierung und das Verlangen nach Profit- und Umsatzwachstum. Beide Ursachen führen zu Markenausweitung, einer der meist verbreiteten Fehler im Marketing.

Halten Sie also Ihr Brandingprogramm fokussiert und werden Sie nicht gierig.

Markenausweitung

> Der Erfolg einer Marke ist entgegengesetzt proportional zu ihrer Ausdehnung.
>
> Jack Trout

Die strategische Bedeutung der Markenausweitung ist auf Seite 72 ff beschrieben.

In der Realität finden wir jedoch zahlreiche Markenausweitungen ohne strategischem Konzept dahinter. Keli ist Variantenweltmeister und trotz noch mehr verschiedener Geschmacksrichtungen bedroht. Nachweislich ist es jedoch so, dass Ausweitungen in Form weiterer Varianten in der Regel den Umsatz auf mehr Varianten verteilen und die Gewinne reduzieren.

PRODUKTSTRATEGIE

HERUMPROBIEREN FUNKTIONIERT NICHT

Marketingmanager spielen mit Marken, ohne zu bedenken, welche Konsequenzen ihr Handeln langfristig haben kann.

Die sehr einfache, aber seit Jahrhunderten erfolgreiche Formel heißt: *A one or two or something new.*

Seien Sie in Ihrer Kategorie auf Platz 1 oder 2. Sonst sollten Sie danach suchen, wie und wo Sie in einer neuen Kategorie eine neue Nummer 1 sein können.

Entwickeln Sie Marken in Führungspositionen weiter und versuchen Sie in neuen Subkategorien ebenfalls als Erster am Markt zu sein. Vermeiden Sie aber Markenausweitungen um jeden Preis. Die Kostenvorteile sind nur von kurzer Dauer.

PREISSTRATEGIE

Trotz unzähliger Ergebnisse aus Untersuchungen, dass der Preis fast nie an der ersten Stelle bei Kaufentscheidungen steht, sondern oft auf Platz 5, 6 oder 7, wird in Unternehmen heute sehr rasch über zu hohe Preise diskutiert, anstatt über Differenzierung.

Hier einige Richtlinien:
▸▸ Bleiben Sie im vertretbaren Rahmen.
▸▸ Menschen zahlen etwas mehr für wahrgenommenen Mehrwert.
▸▸ Qualitativ hochwertige Produkte sollten teurer sein.
▸▸ Hochpreisige Produkte sollten Prestige anbieten. (Nespresso mit einem passenden Laden- und Präsentationskonzept ist ein schönes Beispiel.)

▸▸ Hohe Preise und hohe Gewinne ziehen Konkurrenten an.

▸▸ Es ist schwierig, mit niedrigen Preisen zu gewinnen.

▸▸ Preise können fallen.

Der richtige Preis ist dann: so viel Kunden bereit sind, für den Unterschied oder Mehrwert zu bezahlen, und was die Konkurrenz zulässt.

MARKTFORSCHUNG

> DIE MEISTEN MENSCHEN BENUTZEN MARKTFORSCHUNG NICHT ZUR ERLEUCHTUNG, SONDERN ZUR BETÄUBUNG.
>
> DAVID OGILVY

ACHTUNG FALLE!

DIE MARKTFORSCHUNGSFALLE

Es ist schwierig, Menschen zu befragen, weil Menschen nicht immer ehrlich sind. Wurden Sie schon einmal zu einem Thema befragt? Ehrlich? Haben Sie bei jeder Frage eine kompetente und ehrliche Antwort gegeben? Oder haben sie klar gesagt: „Tut mir leid, da kenne ich mich nicht aus." Menschen wollen sich nicht blamieren, daher wird geantwortet.

Dazu kommt:

▸▸ Einstellungen sind kein verlässlicher Faktor für Verhalten.

▸▸ Menschen sagen so und tun anders.

▸▸ Menschen kennen oft ihre eigenen Motive nicht.

▸▸ Das Gedächtnis erinnert sich an Dinge, die es oft gar nicht mehr gibt.

▸▸ Der Wiedererkennungswert von gut etablierten Marken ist oft über lange Zeit hoch.

Warum sollte man also Menschen befragen?

Machen Sie einen Schnappschuss, wie Menschen über eine Marke oder die Produkt-Kategorie denken.

Sie brauchen nicht mehr als das. Menschen denken nicht viel nach, außer über Gesundheit, Geld und ihr Sexualleben.

Was Sie wissen sollten, sind die wahrgenommenen Stärken und Schwächen Ihres Unternehmens und die der Konkurrenz, so wie sie im Gedächtnis der Kunden gespeichert sind.

Die beste Methode, das zu untersuchen, ist, die wichtigsten Attribute, die eine Kategorie hat, aufzulisten und dann Kunden auf einer Skala von 1 bis 4 bewerten zu lassen. Das machen Sie für Ihre Marke im direkten Vergleich zu Konkurrenzmarken. Das Ziel ist, herauszufinden, wer welche Idee oder welchen Begriff im Gedächtnis der Kunden besetzt hat. Sie können das eine Differenzierungsstudie nennen.

Ein Beispiel: Macht es Sinn für BMW, Mercedes, Toyota, Honda oder einen anderen Automobilhersteller, das Thema Sicherheit ganz nach oben zu heben – als Positionierung einzusetzen? Nein! Und doch haben alle genannten Unternehmen zu unterschiedlichen Zeitpunkten das Thema verwendet, und wieder davon Abstand genommen. Das Wort Sicherheit in der Automobilindustrie gehört Volvo. Punkt.

Benchmarking oder: Wie machen es die anderen?

Benchmarking macht Unternehmen nicht anders, sondern immer gleicher. Vergleichen Sie weniger und gehen Sie Ihren eigenen Weg.

WERBUNG

DAS PROBLEM WERBUNG

Schon Harry Procter hatte vor über 100 Jahren das Problem, dass er wusste, dass 50% des Geldes für Werbung beim Fenster hinausgeworfen sind, er wusste nur nicht welche 50%.

Heute ist es noch schlimmer. Bis zu 75% der Manager sind der Meinung, dass Werbung nicht das gewünschte Ergebnis bringt. Das heißt, bis zu 75% ihres Werbebudgets sind hinausgeworfenes Geld.

Was ist das Problem? Wir leiden unter Überkommunikation. In Zentraleuropa sind wir täglich im Schnitt rund 5.000 Werbeimpulsen ausgesetzt. Kommunikation selbst ist das Problem. Jedes Jahr senden wir mehr aus und es kommt weniger zurück.

DAS THEMA WERBEAGENTUR

Die Wahrheit ist, dass Agenturen kreative und andere, immer *neue* Werbekonzepte machen, damit sie möglichst viele „Awards" bekommen. Und davon gibt es inzwischen unüberschaubar viele. Diese Awards werden aber nach Kriterien der Kreativität vergeben und berücksichtigen strategische Aspekte nicht.

EIN NEUER ANSATZ FÜR KOMMUNIKATION

Dieser Abschnitt widmet sich dem wichtigsten Instrument für Differenzierung durch einzigartige Positionierung im Gedächtnis des Kunden – der schwierigsten Form der Kommunikation, der Werbung. Eine Form der Kommunikation, die bei vielen Kunden auf geringe Wertschätzung stößt. In manchen Fällen wird Werbung verabscheut.

Coole Slogans statt differenzierender Positionierungsideen

Achtung Falle!

DIE SLOGANFALLE

Zu viele Slogans sind nur kreativ und geben potentiellen Kunden keinen Funken einer Idee, warum diese bei Ihnen und nicht bei der Konkurrenz kaufen sollen.

Die Gewinner sind Slogans mit einer klaren Aufforderung zum Kauf und einem konkreten Anlass – also einer Differenzierung und Positionierung.

Slogan oder Unterschied?

Viele Unternehmen verschenken wertvolle Zeit und viel Geld, indem sie in der Kommunikation Slogans verwenden, die nicht differenzieren.

Slogans sind der Schlüssel

Kommunikation ist das Bindeglied zwischen Strategie, Marketing und den Kunden. Und die Speerspitze sollte der Slogan sein. Wie gedankenlos solche Slogans verwendet werden, erklärt, warum so viele Marketingkampagnen einfach nicht den gewünschten Erfolg bringen und nach kurzer Zeit eingestellt werden. *Eine neue Werbeagentur muss her, weil die Kampagne nicht zieht.*

Agenturen wollen emotionale Bindung schaffen. Das ist nicht genug. Erfolgreiche Positionierung bietet rationale, einfache Gründe für den Kauf an, und diese Gründe sollen einzigartig und differenzierend sein.

Einige Beispiele: „Start something", „Welcome aboard really", „Fashion for Living" (C&A – hoffentlich fürs Leben und nicht für danach).

Wissen Sie, zu welcher Marke der Slogan „*A friend for a life*" gehört? Ich auch nicht.

Gute Claims sind die halbe Miete. Sie erklären, wofür eine Marke steht, warum man sie anstatt einer Konkurrenzmarke kaufen soll und was die Lebensberechtigung dieser Marke ist.

Dabei kann man mit Fremdsprachen sehr viel falsch machen. Menschen sollen die Chance haben zu verstehen, worum es geht.

Also sagen Sie es klar, in verständlicher Sprache und bleiben Sie dabei.

Versuchen Sie es selbst. Achten Sie auf Slogans von Unternehmen und fragen Sie sich dann, ob Sie dieses Produkt aufgrund der Werbung in die engere Wahl ziehen würden oder nicht. Es ist erschütternd, was geboten wird.

Claim	Marke	Die skurrilsten Übersetzungen
We are drivers too.	Esso	Wir sind zwei Fahrer. Wo fahren wir hin?
Stimulate your senses.	Loewe	Die Sense stimulieren. Befriedige dich selbst.
Driven by instinct.	Audi TT	Abdriften der Instinkte. Fahren, Kaufen mit Instinkt.
Drive Alive.	Mitsubishi	Fahre lebend. Die Fahrt überleben.
Be inspired.	Siemens mobile	Ich bin angeregt. Bienen-Inspektion.
Powered by emotion.	Sat 1	Feuer für Programm, wechseln zu Sat 1. Kraft durch Freude. Strom bei Emotion.
I'm loving it.	Mc Donalds	Interessant für Jungs.
Every time is a good time.	Mc Donalds	Jede Zeit ist eine gute Zeit. Jederzeit ist Gottes Zeit.

Quelle: Endmark GmbH (2006), Market GmbH (2005)

„Be inspired"

Dass Siemens in Deutschland einen englischen Slogan verwendet, wo doch der deutsche Durchschnittsbürger nicht gerade für seine Englisch-Kenntnisse bekannt ist, ist nicht klug. Die Frage ist auch, wozu ein Mobiltelefon inspirieren sollte. Zum Telefonieren? Na, hoffentlich. Das ist aber der falsche Weg, denn Telefone werden ja zum Telefonieren gekauft und nicht für kreative Zwecke. Siemens Mobile hatte als weltweite Nummer 4 keine Chance mehr, schrieb schwere Verluste und wurde im Jahr 2005 an Benq verkauft und inzwischen liquidiert.

„Ich liebe es" macht keinen Unterschied. Außerdem würde ich mir von McDonald's nicht vorschreiben lassen, was ich mag. Was McDonald's hat, ist eine sehr mächtige Marktführerschaft. Sie verkaufen die meisten Hamburger auf der Welt. Die Differenzierung: McDonald's – das beliebteste Restaurant der Welt.

Das Agentur-Ping-Pong

Werbeagenturen haben es nicht leicht

Der übliche Ablauf ist der, dass sich der Chef an die Marketingabteilung wendet und eine neue Kampagne beauftragt. Hurra, das Marketing ist gefordert. Das Briefing für die Agentur wird geschrieben und meist mehreren Agenturen vorgestellt. Eine gute Agentur meldet sich und fragt, um welche differenzierende Idee es eigentlich geht und ob man über die Strategie sprechen könne. *PING.* Die Antwort aus der Chefetage: „Nein, die Strategie steht für die nächsten 2, 3, 5 oder mehr Jahre fest, daran wird nicht gerüttelt." *PONG.*

Fehler 1: Die Strategie ist nicht mit dem Marketing abgestimmt. Das Marketingmanagement will aber den Auftrag erfüllen und sagt zur Agentur: „Weitermachen." *PING* Diese treten dann zum „Pitch" an. (Sie schlagen sich um den Werbeetat.)

Hier sollte ein guter und starker Marketer nicht locker lassen und auf die Abstimmung der Strategie mit dem Marketing bestehen. Jetzt ist der richtige Zeitpunkt, das Unternehmen klar zu positionieren und den Kunden einen Grund zum Kauf anzubieten.

Fehler 2: Eine seriöse Agentur sollte eigentlich jetzt entweder aussteigen und keine Wettbewerbspräsentation machen oder den Auftrag annehmen und mit einem differenzierenden Vorschlag kommen. Das beherrschen die meisten Agenturen aber nicht und es ist auch nicht ihre Kernaufgabe. Aufgabe einer Werbeagentur ist die kreative Umsetzung der differenzierenden Positionierungsidee. Die Entwicklung der Strategie ist Aufgabe des Unternehmens.

Diese sollte von Strategen entwickelt werden, die etwas von Strategie, Positionierung und Differenzierung verstehen.

UNTERNEHMEN HABEN ES AUCH NICHT LEICHT

Die Agenturen bleiben dran. *PONG*

Sie bekommen vielleicht ein passendes Konzept. Es wird also meist *„der Einäugige unter den Blinden"* gewählt – das Beste unter dem, was geboten wird. Von erfolgreicher Positionierung kann das aber weit entfernt sein. *PING.*

DER GROSSE TAG DER „PITCHES"

Die Agenturen treten an und präsentieren ihre Konzepte.

Fehler 3: Jetzt sitzen die Chefs wieder am Tisch (sie zahlen ja die Rechnung) und beteiligen sich an der Diskussion, ob diese oder jene Idee besser ist. Und sie mischen sich scheinbar sehr fachkundig in kleinste Details ein. Leider haben die meisten

Entscheider keine geeignete Ausbildung oder Erfahrung, um zu beurteilen, welcher Vorschlag für ihre Marke der richtige ist. Die Entscheidung erfolgt durch Abstimmung oder Kraft Position. *PONG.* Die erste Runde geht an die Agentur. Eine hat den Etat gewonnen.

Und nach ein bis zwei Jahren beginnt das Spiel von vorne. *PING – PONG, PING – PONG.* Das Spiel geht oft Jahrzehnte lang, weil Unternehmen aus dem Teufelskreis nicht herausfinden.

Jetzt können Sie sich besser vorstellen, warum es so viel schlechte Werbung gibt, und erahnen, warum so viel Geld beim Fenster hinausgeworfen wird.

Es ist einzig die Aufgabe von Unternehmen, klare Vorgaben zu machen, welche Ideen Werbeagenturen kreativ umsetzen sollen. Entscheidend dabei ist, dass die Strategie nicht top-down, sondern bottom-up und rund um eine differenzierende Idee für die Positionierung entwickelt wird.

MARKETING IST ZU WICHTIG, UM ES AN DIE MARKETINGABTEILUNG ZU DELEGIEREN.

DAVID PACKARD,
GRÜNDER VON HEWLETT PACKARD

ACHTUNG FALLE!

ÄNDERN SIE DEN SLOGAN, WENN SIE IHN NICHT MEHR HÖREN KÖNNEN

Ein guter Slogan, der die differenzierende Idee hämmert, sollte gleich bleiben, so lange, bis diese Idee nicht mehr differenziert. Ob Sie den Slogan noch hören können oder nicht, ist irrelevant.

▸▸ Heute noch kennen viele den Slogan: „Und er läuft und läuft und läuft." Das war der erfolgreichste Slogan von VW.

▶▶ Duracell verwendet die Häschen, die einen längeren Atem haben, seit 40 Jahren. Der Slogan ist sehr konservativ: *Duracell – Hält bis zu 4x länger als herkömmliche Zink-Kohle-Batterien.* Das Ergebnis: fast 70% Weltmarktanteil.

▶▶ BMW setzt seit 50 Jahren auf Fahrfreude.

Werbung braucht lange Zeit, bis sie von Menschen erinnert wird. Wenn Sie Ihren Slogan nicht mehr hören können, fangen Kunden vielleicht erst an, diesen zu erkennen und sich zu merken. Und wenn Sie nicht sicher sind, ob das Ihnen gebotene Konzept gut ist, gehen Sie nach Hause und fragen Sie Ihren Partner.

CAMPAGNERIA MAXIMA

Top Manager und Marketer verwechseln Werbekampagnen mit guter Strategie. Wenn das Geschäft wachsen soll, wünschen sie sich eine „reißerische Kampagne". NUR: Ohne klare Positionierung mit entsprechender Differenzierung keine klare Strategie und keine gute Werbung. Diese Abfolge gibt es meist jedoch nicht. Welchen Eindruck hätten Sie, wenn Ihre Lieblingsmarke ständig die Kommunikation verändern würde?

ACHTUNG FALLE!

KLAUEN SIE EINEN SLOGAN

Zwei Unternehmen können nicht dasselbe Schlagwort im Gedächtnis der Kunden besetzen.

Was Unternehmen immer wieder dazu verleitet, sich auf diesen Pfad zu begeben, ist eine tolle Sache, Marktforschung genannt. Armeen von Marktforschern werden beauftragt, Fokusgruppen gebildet, Fragebögen ausgewertet und was in einem kiloschweren Bericht dabei herauskommt, ist eine Liste von Attributen, die Kunden von einem Produkt oder Service erwarten.

Ja, wenn es das ist, was die Kunden wollen, dann sollten wir ihnen das auch geben.

Was ist das größte Problem bei Batterien? Dass sie im ungüns-tigsten Augenblick leer werden.

Also was ist das wichtigste Attribut für Batterien?

Lange Lebensdauer. Wenn das also Kunden wollen, dann sollen sie es bekommen. Richtig? Falsch.

Was Ihnen die Marktforschung nämlich nicht sagt, ist, dass dieses Attribut von einem anderen Unternehmen besetzt ist. Sie empfehlen Kunden eher massive Marketingprogram-me. Getreu der Theorie: Wenn Sie genug Geld ausgeben, dann können Sie die Idee besetzen. Richtig? Falsch.

Seit inzwischen 40 Jahren ist das Attribut *langlebig* von Duracell besetzt.

DIE WERBEFALLEN

ACHTUNG FALLE!

DIE UNTERHALTUNGSFALLE

Die meisten Werbekampagnen sind heute unterhaltsam, sie sol-len eine emotionale Bindung mit dem Kunden aufbauen. Daher könne man nicht zu hart verkaufen. Alles Schwachsinn.

Menschen werden von Medien wegen des Unterhaltungswertes und der Information angezogen, nicht weil sie sterben würden, um Ihre neueste Werbung zu sehen.

Die Agentur kann Sex, Humor oder etwas anderes einsetzen, aber der Spot muss den Grund zum Kauf kommunizieren.

Menschen erkennen Werbung sofort. Und da sie das Programm unterbricht, das sie gerade sehen wollen, sind sie nicht erfreut darüber. Seien Sie also ehrlich, lassen Sie Ihren Spot wie eine Nachricht aussehen und verbreiten Sie eine große Neuigkeit.

Dasselbe gilt für Anzeigen oder Folder: Neuigkeiten sind interes-santer.

ACHTUNG FALLE!

KOMPLEXE GESCHICHTEN

Das scheint manchmal der Auftrag für das Marketing zu sein.
In den meisten Kommunikationskonzepten wird die einzigartige Idee vergraben, versteckt, oft gleich weggelassen oder mit so viel anderen Informationen überfrachtet, dass Kunden nicht mehr bereit sind, zuzuhören oder weiter zu lesen. Meist wird die differenzierende Idee vernichtet und damit die gesamte Strategie zunichte gemacht.
Menschen geben Ihnen nicht viel Zeit. Sie müssen Ihre Werbung einfach halten.

ACHTUNG FALLE!

SCHWER ERKENNBARER KUNDENNUTZEN

In der Annahme, dass möglichst viele Informationen den Verkaufserfolg steigern, wird die zentrale Idee verschüttet und geht unter. Kunden sind auch nicht bereit, danach zu suchen. Die Zeit ist zu kostbar.

DER VERPATZTE ERSTE EINDRUCK

Den gibt es wirklich. Diese Chance bekommen Sie nie wieder in Ihrem Leben. Und die Chance dauert maximal 10 Sekunden, nicht länger.

Hand aufs Herz, können Sie in *10 Sekunden* klar sagen, warum Kunden bei Ihnen und nicht bei der Konkurrenz kaufen sollen?

Achtung Falle!

Megamarken

Der Wunschtraum, dass Kunden zuerst die Marke wählen und dann entscheiden, ob sie sich für das eine oder das andere Produkt entscheiden, stirbt nicht aus. Daher wollte Audi mit dem A2 zusätzlichen Umsatz machen. Ergebnis: A2 wurde eingestellt. Mercedes wird die A-Klasse nicht mehr bauen. Die Konkurrenz im Segment der Kleinwagen ist zu stark.

Die Bedeutung der Marke ist beim Autokauf laut unterschiedlichen Studien aus Deutschland neben dem Preis, der Qualität, der Verarbeitung und der Wirtschaftlichkeit sowie Design/Aussehen ein wichtiger Faktor. Je höher die Anschaffungskosten, umso wichtiger wird die Marke (lt. Motor Presse Stuttgart 2004 ist bei einem Anschaffungswert über 37.500 Euro für 90% aller potentiellen Neuwagenkäufer die Marke an erster Stelle).

Die Marke kommt aber erst ins Spiel, wenn sich ein potentieller Käufer für eine bestimmte Kategorie entschieden hat. Also ob man einen Klein- oder Mittelklassewagen, eine Limousine, einen Geländewagen, ein Cabrio oder eine Großraumlimousine will. Derzeit können durch das Hybrid-Antriebskonzept sogar überzeugte Markenfahrer zum Wechsel der Marke bewegt werden. Der Benzinverbrauch ist bei den derzeitigen Aussichten eben ein Schlüsselfaktor.

Die Agenturfalle

Unternehmen glauben oft alles, was Agenturen von sich geben, ohne kritisch genug zu sein.

Badenixen vs. Cowboys

Marlboro kam in den 50er Jahren nach Deutschland. Der damalige Importeur war überzeugt, dass Cowboys in der

Werbung schlecht sind und setzte Badenixen an schönen Badeseen ein. Als er sich trotz Aufforderung weigerte, auf Cowboys zu setzen, entzog ihm Marlboro die Lizenz. Anlässlich seines 80. Geburtstags gab er zu, dass dies der folgenschwerste Fehler seines Lebens war. Nixen passten eben nicht zur Strategie der echt starken Zigarette.

Unternehmen scheinen ihre Pflicht, Marketing und damit Werbung aktiv zu steuern, völlig gedankenlos Werbeagenturen zu überlassen. Selbst eine sehr gute Agentur kann aber ein gutes Ergebnis nur dann liefern, wenn sie eine klare Aufgabenstellung, ein perfektes Briefing, vorgegeben bekommt. Es ist nie und nimmer Aufgabe der Agentur, eine Positionierung zu erarbeiten. Das ist Aufgabe des Top-Managements und zwar eine strategische Aufgabe.

Agenturen können sonst kein gutes und vor allem passendes kreatives und emotionalisierendes Konzept liefern.

Die erfolgreichsten Markenkonzerne überlassen nichts dem Zufall.

DAS BRIEFING FÜR DIE WERBEAGENTUR

Das Briefing ist der Auftrag an die Agentur.

In diesem Briefing sollten Sie präzise formulieren, was Sie erwarten. Beginnen Sie mit der Positionierung, erklären Sie die Rolle der Werbung. Die zentrale Aufgabe der Werbung ist es, das Thema der Positionierung wichtiger zu machen, um dann die Marke als Lösung für dieses Problem zu positionieren.

Beschreiben Sie die Zielgruppe und definieren Sie die Schlüsselzielgruppe.

Liefern Sie die Beweisführung. Welche glaubwürdigen Zutaten oder Beweise können für die gewählte Positionierung angeführt werden.

Legen Sie die Marken- bzw. Produktpersönlichkeit fest.

Zuletzt legen Sie die Aufgabe für die Agentur klar fest.

GUTE WERBUNG

WERBUNG IST DAS, WAS MAN TUT, WENN MAN JEMANDEN NICHT PERSÖNLICH SEHEN KANN.

Jede Werbung soll mit der differenzierenden Idee beginnen, die kommuniziert werden soll: warum Ihr Produkt anstatt eines anderen Produktes gekauft werden soll – kein bedeutungsloser Slogan. Ihr ganzes Programm soll diesen Unterschied und den Nutzen für die Zielgruppe kommunizieren.

Einfache visuelle Elemente sind besser als dramatische. Ein einfacher Trick: Reimen Sie, wenn möglich. Es macht Ihre Worte leichter erinnerbar. Menschen merken sich Reime besser als Prosa.

KOMMUNIKATION

Kommunikation ist das Bindeglied zwischen einerseits Strategie, Marketing, Vertrieb und andererseits den Kunden.

EINFACHE SPRACHE

Wählen Sie eine einfache und verständliche Sprache. Ihre Kunden werden es Ihnen lohnen. Menschen glauben, dass eine einfache Sprache ein Zeichen niedriger Bildung ist. Im Gegenteil, die erfolgreichsten Menschen verwenden die einfachste und verständlichste Sprache.

Der Wortschatz der Sprachen wird immer umfangreicher. Der Goethe-Wortschatz der deutschen Sprache hat rund 300.000 Wörter. Im Webster Dictionary sind mehr als 600.000 englische Wörter enthalten. Der durchschnittliche

Wortschatz für den täglichen Sprachgebrauch liegt bei rund 4.000 Wörtern für Englisch und 8.000 Wörtern für Deutsch.

Gute Texte und Reden dürfen nicht verwirrend sein. Sie müssen klar, verständlich und in einer einfachen Sprache gehalten sein. Je kürzer desto besser.

> WER'S NICHT EINFACH UND KLAR SAGEN KANN, DER SOLL SCHWEIGEN UND WEITERARBEITEN, BIS ER'S KLAR SAGEN KANN.
>
> SIR KARL POPPER, PHILOSOPH

DIE WAHRHEIT WIRD SIEGEN

Oder auch nicht. Denn heute gewinnt nicht die bessere Qualität oder das seriösere Unternehmen, sondern die subjektiv wahrgenommene Qualität und das bessere Marketing. Sie können versuchen, vor dem Eingang der Nationalbank eine Million Euro zu verschenken. Wenn Sie es keinem erzählen, wird Ihnen das Geld auch keiner abnehmen.

DER PUNKT IST! Gute Werbung dramatisiert die differenzierende Idee eines Produktes. Sie liefert einen Grund zum Kauf.

MEDIEN

Früher waren es Druck und Firmenschilder, dann Radio, Fernsehen und das Internet. Heute sind es Pissoirs, Müllton-

nen, Parkbänke, Geschirr, Heißluftballone – kurz eine un-
überschaubare Vielfalt. Und jeden Tag wird etwas Neues
erfunden.

Von guten Medienleuten sollten Sie die aktuellen Reich-
weiten einzelner Medien bekommen. Wie viele Menschen
erreichen Sie mit einem Medium – hier eine Übersicht:

Fernsehen erreicht viele Menschen, Radio etwas weniger,
aber das reicht nicht. Print hat eine geringere Reichweite und
ist rückläufig. Mit Direct Mail erreichen Sie viele Menschen,
aber es kann teuer sein, wenn Ihre Liste lang ist. Da diese
Kosten immer weiter steigen, wird diese Form weniger
attraktiv.

Internet ist ein hervorragendes Medium, Kunden mehr
Information zu senden, aber es ist kein gutes Werbemedium,
weil Sie das Programm nicht unterbrechen können, um Ihre
Nachricht zu senden. Sie laden nur den Bildschirm mit Nach-
richten voll, die keiner haben will.

Direct Mail mit „Spirit"

Willi Opitz wollte nach Finnland Wein verkaufen. Die
Importeure rieten ihm ab. Das finnische Monopol hatte genau
zu diesem Zeitpunkt die österreichischen Weine ausgelistet.
Das war die Startflagge für Willi Opitz. Er organisierte sich
die Adressen der wichtigsten Weinjournalisten, Weinclubs
und Motorsportjournalisten in Finnland und verfasste einen
Brief, der die Finnen ansprechen sollte.

Heute ist Opitz Wein der meistverkaufte österreichische
Wein in Finnland und 2006 wurden mehr als 20.000 Flaschen nach Finnland geliefert. Ein Pionier lässt sich nicht
abschrecken.

Willi Opitz & Maria • St. Bartholomäusgasse 18 • A-7142 Illmitz

WILLI OPITZ & MARIA
WEINBAU • GÄSTEZIMMER
ST. BARTHOLOMÄUSGASSE 18
A-7142 ILLMITZ
TEL: 0043 (0)2175 / 2084
Fax: 0043 (0)2175 / 20846
eMail: winery@willi-opitz.at
http://www.willi-opitz.at

Illmitz; 2002 03 19

A very big Hello from Austria!

My name is Willi Opitz. I am a Wine-Maker from Austria and I have two big friends in
Finland. One is called **Mika Hakkinen** and the other one is called **Kimmi Räikkönnen**,
because I am the exclusive wine producer from the "**Silve Lake wine**" series for
McLaren Formular-1 Team.

During the ViiniExpo 2002 in Helsinki I am exhibiting on the **Austrian stand** and also at my
importer's stand **SKY CELLAR**:

If you are interested in my **wine-weekends**, wines and my story I am looking very much
forward to see you there.

In the meanwhile you can find more informations on **www.willi-opitz.at**

With kindest regards from Austria

Willi Opitz

WineWeekend   Pole Position®   Sound of Wine®   ROHRWOLF®   SCHILFMANDL®   OPITZ No.1®

Bankverbindung: CREDITANSTALT AG KtoNr. 02853752000 - BLZ 11000

Achtung Falle!

Die Bilderfalle – Konfuzius

Sie kennen das Zitat von Konfuzius: „Ein Bild sagt mehr als tausend Worte." Dieses wurde uns durch eine schlechte Übersetzung falsch überliefert.

Das würde heißen, das Bild wäre dem Wort überlegen. Das ist es aber nicht. Die richtige Übersetzung lautet: „Ein Bild ist mehr wert als 1000 Stücke Gold." Gold, nicht Worte. Worte sind mächtiger als Bilder. Wir können Menschen mit Worten in Ekstase versetzen oder vernichten. Das schaffen nur ganz wenige Bilder.

Warum ich das hier erwähne? Es ist deshalb so wichtig, da in der Werbung immer wieder über emotionalisierende Wirkung und die Wichtigkeit von tollen Bildern heftig diskutiert wird.

Wichtig ist eines: Der Text muss ins Schwarze treffen. Wenn dann dazu ein Bild passt, das die Botschaft verstärkt, nicht versteckt, dann ist es perfekt.

Ralph Waldo Emerson hat es wunderschön formuliert, als er sagte: „Der Weg in die Herzen führt über das Ohr."

Zwei Arten von Wörtern

Es gibt zwei Arten von Wörtern. Das gesprochene und das geschriebene Wort. Wiederholte Tests haben gezeigt, dass ein gesprochenes Wort schneller verstanden wird und auch länger im Gedächtnis bleibt.

Bilder verschwinden nach bereits einer Sekunde. Zuhören dauert vier- bis fünfmal länger. Zuhören ist effektiver und die Stimme des Sprechers kann dem Text eine emotionale Note geben, was der Text nicht kann.

PR – PUBLIC RELATIONS

Public Relations – Öffentlichkeitsarbeit hat mein Marketing-professor, Ernest Kulhavy, der Gründer des ersten Marketinglehrstuhls im deutschsprachigen Raum, selbst aktiv gelebt und so definiert: „Tu Gutes und sprich darüber."

Für Gründer ist entscheidend, dass neue Ideen am besten über PR bekannt gemacht werden. Werbung kommt erst später, wenn Ihr Produkt schon einen gewissen Bekanntheitsgrad hat.

Menschen reagieren besser auf Sie, wenn sie zuerst über Sie in der Presse lesen, anstatt Werbung zu bekommen. Sie wollen wissen, was los ist, nicht etwas aufgeschwatzt bekommen.

Eine Neuigkeit aus der Zeitung zu erfahren, bringt Ihrem Produkt auch mehr Glaubwürdigkeit. Der Faktor kann bis zu 12 sein.

Spezialangebote können Ihr Produkt bekannt machen. Zu viel Promotion gewöhnt Menschen aber daran, nach einem Sonderangebot zu suchen.

SOUND OF WINE

Keinen vierfärbigen Prospekt, sondern eine geniale Idee für die akustische PR-Idee hatte Willi Opitz. Er nahm die Gärgeräusche seiner Weine auf und stellte eine CD mit dem Titel „Sound of Wine" zusammen.

Es beginnt mit einem Solo, geht weiter mit Duo, Trio, Quartett, Sextett und endet mit Full Orchestra.

Die CD war in den Charts auf Platz 3. 15.000 verkaufte CDs bescherten dem PR-Genie einen neuen Traktor.

DER HEILIGE GRAL IM MARKETING

Die wichtigste Aufgabe im Marketing ist nun, diese eine differenzierende Botschaft in einem *integrierten Marketingprogramm*
über alle Kanäle und jeden Anlass in einen Mediamix zu verpak-
ken. Wenn Sie eine Botschaft haben, sollten Sie die Stärke jedes
eingesetzten Mediums nutzen, um Ihre Botschaft zu senden.

> THE AIM OF MARKETING IS TO KNOW
> AND UNDERSTAND THE CUSTOMER SO
> WELL THE PRODUCT OR SERVICE FITS
> HIM AND SELLS ITSELF.
>
> PETER F. DRUCKER
> MANAGEMENT-VORDENKER

PR kann die Idee bekannt machen, Glaubwürdigkeit verlei-
hen und Begeisterung schaffen, Werbung kann Bewusstsein
für die Idee schaffen; Internet kann mehr Information über die
Idee liefern; Messen können Aufregung unter den Konkurrenten hervorrufen; Direkt-Mail kann die Idee Ihren besten oder
größten Kunden präsentieren, und Promotions können Test-
käufe generieren.

GEOX lässt keine Gelegenheit aus, zu kommunizieren,
dass patentierte Membranen den Fuß trocken von Schweiß
halten. Unter dem Markennamen, auf jeder Schachtel oben,
vorne, hinten, links, rechts steht deutlich ATMET zu lesen.
Auf dem Seidenpapier, in dem die Schuhe eingepackt sind, finden Sie in Transparentdruck die drei weltweiten Patente.

Bei visuellen Umsetzungen finden Sie immer eine Schuh-
sohle, die den Dampf rauslässt.

A TEC hat nur einen kombinierten Image- und Verkaufs-
prospekt und stellt weltweit auf den relevanten Messen aus.
Internet dient zur Weitergabe einiger weiterer Informationen. Das Wichtigste sind aber die Techniker, die zum richti-

gen Zeitpunkt bei den Entscheidungsträgern vor Ort sind, um über Details im Vorfeld zu sprechen.

DER PUNKT IST! Das Gedächtnis funktioniert über das Gehör. Medien mit Ton sind besser als Medien ohne Ton.

Logo

Logos oder Wappen kennen wir seit über 5.000 Jahren. Können Sie mir das antike römische Wappen beschreiben? Die Buchstaben kennen Sie: S.P.Q.R. Oder können Sie das Logo von Coca Cola genau beschreiben? Nicht wichtig.

Wichtig ist, dass das, was über Jahrtausende in Erinnerung geblieben ist, Namen sind, keine Logos.

Es geht um die Namen, die mit dem Symbol verbunden sind, die dem Symbol eine Zuordnung geben.

Die Kraft der Marke liegt im Namen, nicht im visuellen Symbol.

Was ist aber dann mit so starken Symbolen wie dem Nike-Swoosh? Nike hat Hunderte Millionen von Dollar ausgegeben, um Namen und Symbol zu verbinden. Jetzt kann der Swoosh auf Bekleidung platziert werden und der Name muss nicht so dominant verwendet werden.

Ein kleiner Test: Wie sieht das Logo von Red Bull aus? Zwei Bullen, die ihre Köpfe aneinander drücken. Aber was ist in der Mitte des Logos? Wie sind die Farben arrangiert? Nicht einfach. Jetzt könnte ich sagen, holen Sie sich eine Dose Red Bull und schauen Sie nach.

In der Mitte ist die aufgehende Sonne. Beim Entwurf des Logos wurde viel Sorgfalt aufgewendet. Ob wir uns das alles merken und wiedergeben können, ist eine andere Sache. Den Namen kennt inzwischen die ganze Welt.

Studien über Logos mit Namen und ohne Namen zeigen, dass nur die wenigsten Logos richtig, wenn überhaupt, zugeordnet werden können. Berühmte Logos, wie der Mercedes-Stern, die „BMW-Niere" oder das Fischer-Ski-Dreieck, haben viele Jahre gebraucht, um gelernt zu werden.

Wenn Sie ein neues visuelles Element einsetzen, dann hat es keine Chance ohne klar erkennbaren Namen bzw. Marke.

CORPORATE IDENTITY & CORPORATE DESIGN

UNERKENNBARE LOGOS

ACHTUNG FALLE!

DIE LOGOFALLE

Oft sind die Symbole größer als der Name – Kontraste und gute Lesbarkeit, Schriftgröße und Klarheit sind bei vielen Logos nicht zu finden. Daher bestehen so viele den Desktop-Publishing-Bürotest (DTP-Test) (um 50% verkleinern, S/W-kopieren und dann faxen) nicht. Meist sind dann nur noch Fragmente erkennbar.

Gute Logos haben ein rechteckiges Format. Dieses Format können Sie mit Ihren zwei Augen besser wahrnehmen. Lesbarkeit ist der wichtigste Aspekt bei der Entscheidung.

Formen können Bestandteil einer Corporate Identity werden. Volvos schauen Panzern immer noch ein wenig ähnlich. Und wenn ein Volvo nicht wie ein Panzer aussieht, dann ist er nicht sicher.

Farben können es dem Kunden erleichtern, Ihre Marke zu identifizieren. Warme Farben, wie Rot, Orange und Gelb, erregen Aufmerksamkeit. Sie haben viel Energie und sind gut für den Einzelhandel. Blau ist kühl und konservativ. Schwarz und Gold vermitteln Exklusivität. Grelle Farben wirken dagegen lässig und verspielt.

Einige Unternehmen haben Farben für sich besetzt. Die Post ist gelb. Coca Cola hat Rot, Pepsi Blau. Red Bull verwendet Silber und Dunkelblau.

Sie sollten nur nicht die Farbe der Konkurrenz verwenden.

Vinorelle statt Grafik

Einen ganz eigenen Weg bei Corporate Design hat Willi Opitz eingeschlagen. Er hat als Erster Weinetiketten mit Wein gemalt. Sogenannte Vinorelle.

Visitenkarten, Briefpapier etc.

Visitenkarten sollten doch das Aushängeschild der Firma sein. Geboten wird Unglaubliches: zu kleine Schrift, unleserlich, zu wenig Farbkontrast, wichtige Informationen fehlen etc.

Machen Sie auch hier den DTP-Test und sehen Sie, was übrig bleibt.

Unprofessionelle Verkaufsunterlagen

Sie sollten bei potentiellen Kunden *Spuren* hinterlassen können. Es muss nicht gleich ein 4-färbiges Prospekt mit Kunstdruck und Schmuckfarbe sein. Verwenden Sie perfekte Bilder Ihrer Produkte. Feilen Sie am Text, bis Sie nichts mehr weglassen können (mehrere Durchgänge sind wichtig, bis Sie wirklich nur das Wesentliche sagen).

Halten Sie's kurz. Das Planungsbüro Kessler, der Spezialist für Projektcontrolling im Objektbau, hat alle Infos auf einem A4-Blatt. Da ist alles gesagt, und es reicht, Kunden an den Tisch zu bekommen.

DISTRIBUTION

ACHTUNG FALLE!

DIE VERTRIEBSFALLE

Hier sind bei Jungunternehmern große Schwächen festzustellen. Es folgen die wichtigsten Regeln.

▸▸ Je direkter, umso mehr Kontrolle. Wenn Sie ein Produkt neu einführen, sollten Sie so nahe wie möglich an Ihren Kunden dran sein, um hautnah zu erleben, wie Ihr Produkt ankommt. Absatzmittler sind in der Regel Filter, die diese wichtigen Informationen aus ihren eigenen Blickwinkeln betrachten und weitergeben.

▸▸ Machen Sie niemals Ihren Kunden Konkurrenz. Wenn Sie sich einmal für ein Distributionssystem entschlossen haben, bleiben Sie dabei. Nehmen wir an, Sie haben sich für Franchising als Vertriebsform entschlossen, dann sollten Sie zum Beispiel nicht über eine eigene Webseite verkaufen oder Flagship-Stores eröffnen. Damit konkurrenzieren Sie Ihre eigenen Franchisenehmer.

▸▸ Je mehr Geld Ihr Distributionspartner verdienen kann, umso besser wird er sich für Ihr Produkt einsetzen. Ein guter Richtwert ist 10% vom Nettoumsatz nach Rabatten. Vertriebspartner haben mehr das eigene als Ihr Wohlergehen im Sinn. Das heißt, Ihr Marketing muss einen guten Job machen, damit die Kunden Ihrer Distributionspartner das Produkt so attraktiv wie möglich finden.

WAS VERKAUFEN SIE DA EIGENTLICH?

Die Definition der Produktkategorie in einfacher und verständlicher Weise ist entscheidend. Viele Unternehmen haben damit Schwierigkeiten, besonders, wenn es sich um eine neue Kategorie und eine neue Technologie handelt. Sie beschreiben das Produkt so verwirrend, dass sich potentielle Kunden von Ihnen abwenden.

Die Positionierung eines Produktes muss damit beginnen, zu erklären, um welches Produkt es sich handelt. Wir sortieren und speichern Informationen nach Kategorien. Wenn Sie eine verwirrende Kategorie präsentieren, sind Ihre Chancen, ins Gedächtnis der Kunden zu gelangen, gering bis null.

FRANCHISING

Franchising ist eine Partnerschaft für den gemeinsamen, wirtschaftlichen Erfolg.

Franchising ist ein Multiplikator für erfolgreiche Unternehmenskonzepte, für Umstrukturierungen, aber auch für Neugründungen. Das Angebot des Franchise-Gebers ist eine „schlüsselfertige Existenz". Sein Produktversprechen lautet:

▸▸ überdurchschnittlicher Gewinn,
▸▸ langfristige Sicherheit und
▸▸ soziales Ansehen als Unternehmer.

Maßgeblich ist heute die Definition des Franchising aus dem Verhaltenskodex des Europäischen Franchise-Verbandes (EFF): „Franchising ist ein Vertriebssystem, durch das Waren und/oder Dienstleistungen und/oder Technologien vermarktet werden. Es gründet sich auf eine enge und fortlaufende Zusammenarbeit rechtlich und finanziell selbstständiger und unabhängiger Unternehmen [...]."

Franchising bedeutet auch „Partnerschaft auf gleicher Augenhöhe", denn Franchise-Geber und Franchise-Nehmer sind beide selbstständige Unternehmer. Das heißt auf eigene Rechnung und im eigenen Namen tätig, jedoch vereint durch einen gemeinsamen Markenauftritt.

Erfolgreiche Franchise-Konzepte findet man in allen Branchen – hier einige Beispiele:

- McDonald's
- Pizzamann
- Allianz
- Segafredo
- Starbucks
- OBI
- ACCOR HOTELS
- Berlitz
- TCHIBO
- REMAX

Franchise-Systeme sind grundsätzlich vertikale Systeme. Jeder spezialisiert sich auf das, was er am besten erledigen kann. Alle Aktivitäten sind vertriebsorientiert. Die eigentliche Aufgabe des Franchise-Nehmers ist die Erschließung seines Marktpotentials und die Betreuung seiner Kunden. Nebenfunktionen werden in größtmöglichem Maß auf den Franchise-Geber verlagert.

Die Dienstleistungen, die die Franchise-Zentrale erbringt, entlasten den Franchise-Nehmer von Nebenfunktionen und geben ihm die Möglichkeit, sich voll auf seine wesentlichen Aufgaben – Verkauf, Kundenberatung, Führung seiner Mitarbeiter und Umsetzung der Franchise-Dienstleistungen vor Ort – zu konzentrieren.

Eine „Franchise-Kette" ist immer nur so stark wie ihr schwächstes Glied, und so ist der Erfolg des Einzelnen mit dem Erfolg aller verknüpft. Franchise-Geber (FG) und Franchise-Nehmer (FN) verbindet dasselbe Ziel, nämlich gemeinsam erfolgreicher zu sein als der Wettbewerb.

Es ist Aufgabe des Franchise-Gebers, nicht nur anfänglich ein perfektes Geschäftskonzept – eine schlüsselfertige Existenz – herzustellen, sondern auch ein „Existenzsicherungsprogramm" durchzuführen. Elemente dieser Serviceleistungen sind z.B. die laufende Beratung und Betreuung, die Meetings, die Trainings, das Controlling und nicht zuletzt die Weiterentwicklung des gesamten Systems. Mehr Infos unter: www.synchron.de.

INNOVATION

> NICHTS AUF DER WELT IST SO
> MÄCHTIG WIE EINE IDEE, DEREN ZEIT
> GEKOMMEN IST.
>
> VICTOR HUGO
> SCHRIFTSTELLER

Innovationen sind gemeinsam mit gutem Marketing dafür entscheidend, dass ein Unternehmen erfolgreich bleibt.

Jetzt ist es mit Büchern zum Thema Innovation ähnlich wie beim Marketing. In deutscher Sprache sind 2.206 Titel verfügbar, in englischer Sprache gar 4.553 Titel. Hier sollen nur einige wesentliche Aspekte für die Strategie-Relevanz von Innovationen herausgegriffen werden.

INNOVATIONEN, DIE KEINE MEHR SIND

Der Erfindergeist legt of leere Kilometer zurück.

Bis zu 30% der Aufwendungen für Forschung und Entwicklung fließen laut Patentamt in Innovationen, die längst patentiert sind. Betroffen von Doppelerfindungen sind vor allem kleine und mittlere Unternehmen. Hier ist es sinnvoll, vor größeren Entwicklungsinvestitionen einfach beim Patentamt den aktuellen Forschungsstand zu recherchieren.

WIE GEHT ES MIT DER INNOVATION WEITER?

Andere Unternehmen haben eine gute Erfindung, denken aber zu spät daran, dass sie mit der Entwicklung eines Nachfolgepatentes beginnen, um bei Ende der Schutzzeit wieder mit einem Patent gegen die Nutzer des ausgelaufenen Patents gewappnet zu sein.

Manchmal sind es aber auch große Unternehmen, die mit einem weiterentwickelten Patent – einem sogenannten Schattenpatent – einem Erfinder das Geschäft abgraben.

Ob es sich um echte Innovationen handelt oder nur um Modifikationen eines bestehenden Produktes oder einer Dienstleistung: etwas Neues anbieten zu können, sorgt immer wieder für Interesse bei bestehenden und neuen Kunden.

Entscheidend ist aber vor allem, dass Ihre potentiellen Kunden diese Innovation auch tatsächlich als solche sehen und bereit sind, dafür Geld auszugeben.

Sie sollten in jedem Fall Ihre Innovation als etwas Großes und interessantes Neues verkaufen, um Aufmerksamkeit zu erwecken. Schreiben Sie „NEU" auf den Katalog oder ein Direktmail.

Die rauchlose Zigarette, farbloses Cola oder Videos für Hunde waren keine Innovationen, die auf Kundeninteresse gestoßen sind.

DER PUNKT IST! Marketing ist wie eine Filmproduktion, in der das Produkt der Star ist. Ein guter Film verkauft viele Karten.

5. MANAGEMENT

Es ist nicht Sinn dieses Kapitels, auch nur die besten aller Weisheiten aus 230.806 englischen und 24.211 deutschen Büchern zum Thema Management zu bringen. Es geht hier nur um einen Aspekt, nämlich ob Sie Ihr Unternehmen mehr nach Zahlen oder mehr nach strategierelevanten Gesichtspunkten führen.

Die Prioritäten der Top-Manager sind laut einer Umfrage der Reihe nach: Finanzen, Verkauf, Produktion, Management, Recht und Personal.

Scheinbar beschäftigen sich viele Manager zu gerne mit den Dingen, die messbar sind. Strategie, Positionierung und Marketing haben Pech, sie kommen einfach nicht vor.

Was aber Unternehmen brauchen, sind Manager, die wieder die Fahne tragen und vorangehen, die Begeisterung schaffen können. Die Entscheidungen treffen, die richtungweisend, mutig und nicht nur mit Zahlen belegbar sind. Unternehmen brauchen Strategen, exzellente Marketer, Geschichtenerzähler. Vom Geschäft sollten sie ohnehin etwas verstehen, sonst ist die Sache hoffnungslos.

Management nach Zahlen

Wenn Sie Ihr Unternehmen nur zahlenorientiert führen, können Sie es damit zugrunde richten.

Unternehmer, die es nur als ihre Aufgabe sehen, vereinbarte Planungsvorgaben zu erreichen, riskieren den Erfolg des Unternehmens.

Was passiert, wenn der geplante Umsatz nicht erreicht wird? Verkaufspromotions werden gestartet, der persönliche Verkauf wird aktiviert, schnell neue Produkte und Innovationen aus dem Hut gezaubert, um die Umsatzvorgaben zu erreichen. Diese Aktivitäten sind mögliche und sinnvolle Instrumente. Sie führen aber nur dann zum Erfolg, wenn sie in eine integrierte und langfristige Strategie eingebettet sind. Eine gute Strategie ist die Voraussetzung. Gute Zahlen sind die Konsequenz.

Unternehmensplanung und Controlling

Ohne Zahlen kommen Sie nicht aus. Betrachten Sie Buchhaltung und Controlling aus folgendem Blickwinkel: Alles, was zur Erzielung von Umsatz und Gewinn beiträgt, sind strategische Kosten, die für das Unternehmen lebensnotwendig und sinnvoll sind. Alle anderen Kosten sind nicht strategische Kosten und sollten so gering wie nur irgendwie möglich gehalten werden. So können Sie sich viel schneller mit Budgetierung und einem sinnvollen Controlling anfreunden. Es empfiehlt sich eine einfache Darstellung in komprimierter Form, die über lange Zeit gleich bleibt. Dann fällt es Ihnen leichter, mit diesen Zahlen laufend zu arbeiten.

Mein Marketingprofessor, Ernest Kulhavy, hat vor 20 Jahren schon gesagt: „Controller können auch für Marketingleute Freunde werden. Sie müssen nur zu ihnen gehen. Sonst kommen sie zu Ihnen und quälen Sie mit Zahlen, die Sie nicht interessieren."

Fixieren Sie gemeinsam mit Controllern, welche Zahlen Ihnen wann und in welcher Darstellung helfen, Entscheidungen fundiert zu treffen.

Also auf zu den Controllern! Sie sollten verstehen, wie man eine Bilanz liest und Sie sollten über Ihre Zahlen Bescheid wissen. Dann sind Sie immer vorbereitet und brauchen auch das Gespräch mit der Bank nicht zu fürchten.

> TRYING TO PREDICT THE FUTURE IS LIKE TRYING TO DRIVE DOWN A COUNTRY ROAD AT NIGHT WITH NO LIGHTS WHILE LOOKING OUT THE BACK WINDOW.
>
> PETER F. DRUCKER
> MANAGEMENT-VORDENKER

Zahlen lassen sich mit elektronischen Hilfsmitteln sehr leicht zaubern und führen oft zu völlig unrealistischen Plänen.

DIE KOSTENPLANUNG

Seien Sie nicht geiziger als die Schotten, aber achten Sie darauf, dass nur so viel Geld ausgegeben wird, wie nötig. Tätigen Sie keine Investitionen, die für den Umsatz in 3 Jahren vielleicht benötigt werden. Es geht nicht so rasant, wie gewünscht.

Würgen Sie aber niemals das Geschäft ab, indem Sie bei strategischen Kosten knausern.

DIE UMSATZPLANUNG

Das ist der wirklich schwierige Teil. Hier zeigt sich, ob Ihre Strategie funktioniert. Gehen Sie bei der Planung Schritt für Schritt vor und bleiben Sie dabei realistisch, setzen Sie sich erreichbare Ziele und akzeptieren Sie, dass das Unmögliche unmöglich bleibt.

Der Zugang zu Zahlen ist laut einer Studie zaghaft. Von 339 befragten Gründern haben nur 113 Befragte eine klare Vorstellung von Umsatz und Gewinn. 271 Personen haben wenig bis keine Ahnung oder machen nicht einmal eine Angabe.

SINNLOSE AUSGABEN

Kunden kaufen sicher nicht wegen Ihres schicken Büros, oder weil Sie einen tollen Wagen fahren. Geben Sie am Anfang Geld wirklich nur für Dinge aus, die dazu beitragen, dass Sie Geschäfte machen.

DER RÜCKSPIEGEL

IN THE BUSINESS WORLD, THE REAR-VIEW MIRROR IS ALWAYS CLEARER THAN THE WINDSHIELD.

WARREN BUFFETT
INVESTOR

Auch hier gilt die 80:20 Regel. Nur 20% wissen es vorher besser. Das ist Faktum. Widmen Sie sich laufend der Analyse der Erfahrungen. Was hat funktioniert, was nicht, warum hat es nicht funktioniert oder was waren die Faktoren für große Erfolge? Sie haben in die Fehler der Vergangenheit viel Geld investiert. Die Erfahrung daraus gehört nun ganz alleine Ihnen.

VERSUCHEN WIR ES DOCH NOCH EINMAL!

Eine Weisheit der Dakota-Indianer sagt: „Wenn Du entdeckst, dass Du ein totes Pferd reitest, steig ab." Doch im Berufsleben versuchen wir, ob es nicht doch noch irgendwie weitergeht:

1. Wir besorgen eine stärkere Peitsche.
2. Wir wechseln die Reiter.
3. Wir sagen: „So haben wir das Pferd immer geritten."
4. Wir gründen einen Arbeitskreis, um das Pferd zu analysieren.
5. Wir besuchen andere Orte, um zu sehen, wie man dort tote Pferde reitet.
6. Wir bilden eine Task Force, um das tote Pferd wiederzubeleben.
7. Wir schieben eine Trainingseinheit ein, um besser reiten zu lernen.
8. Wir ändern die Kriterien, die besagen, ob ein Pferd tot ist.
9. Wir kaufen Leute von außerhalb ein, um das tote Pferd zu reiten.
10. Wir machen zusätzliche Mittel locker, um die Leistung des Pferdes zu erhöhen.
11. Wir machen eine Studie, um zu sehen, ob es billigere Berater gibt.
12. Wir kaufen etwas zu, das tote Pferde schneller laufen lässt.
13. Wir erklären, dass unser Pferd „besser, schneller und billiger" tot ist.

Ähnlichkeiten zu schon eingestellten oder noch existierenden oder erst am Beginn befindlichen Projekten sind rein zufällig ...

EIN NETZWERK MIT VOLLPROFIS

Wenn Sie sich intensiv bemühen, Ihre Strategie voranzutreiben, können Sie jede Hilfe benötigen, die Sie nur bekommen können.

I AM NOT YOUNG ENOUGH TO KNOW EVERYTHING.

OSCAR WILDE

Bauen Sie sich ganz selektiv ein Netzwerk von Spezialisten in den Bereichen auf, in denen Sie nicht ganz so gut sind. Pensionierte Manager bringen oft enorm viel wertvolle Erfahrung mit. Analysieren Sie zuerst, wie gut sich diese in Ihrem Geschäft aktuell auskennen und auf welchem Gebiet sie Ihnen ein guter Ratgeber sein können. Sie sollten ein Netzwerk aufbauen, das Ihnen wirklich hilft, wenn Sie Hilfe suchen: einen Strategen, einen Marketingexperten, einen Personalprofi, falls erforderlich einen Techniker. Als Mentor (Sparringpartner) sollten Sie eine Person auswählen, mit der Sie persönliche Fragen erörtern und die Ratschläge anderer Netzwerkpartner abwägen, wenn Sie nicht sicher sind. Das sieht fast wie ein Aufsichtsrat aus. Das brauchen Sie auch. Aber bitte mit Vollprofis.

UNTERNEHMENSBERATER

EIN GAST SIEHT IN EINER STUNDE MEHR ALS EIN GASTGEBER IN EINEM JAHR.

POLNISCHES SPRICHWORT

Gute Unternehmensberater sollten im Kontext des Unternehmens herausfinden, was für das Unternehmen gut ist.

Seien Sie vorsichtig bei Modewörtern, mit denen Berater um sich werfen (EVA, MBO, JIT, TQM, Benchmarking, strategische Allianzen, Synergien, ...). Das sind meist Dinge, die als Notwendigkeit im Geschäft erledigt werden sollten, haben aber keine Strategierelevanz.

Gute Manager wissen, wohin sie wollen. Gute Berater sollten mit Objektivität und brutaler Offenheit ein Problem lösen. Sie sollten schriftlich festhalten, was Sache ist. Und gute Berater sollten verstehen, wie die Kunden ihrer Klienten denken.

6. Mögliche Gründungs-Multiplikatoren

Konzepten mit großen Wachstumschancen sollte bereits in der Vorgründungsphase ein Netzwerk zur Verfügung stehen, das alle Schritte von der Gründung bis hin zur Risikokapitalfinanzierung bestmöglich begleitet. Hightech-Konzepte sind ein Wettlauf mit der Zeit. Sie brauchen rasch und in möglichst vielen Ländern ordentlich Umsatz, um in eine führende Position zu gelangen, die das Überleben sichert.

Business Inkubatoren

Sprungbrett oder Faulbett? Neue Ideen müssen rasch wachsen, sonst werden sie obsolet. Inkubatoren sollen dabei helfen, schneller und besser zu werden.

In der Antike war mit „Inkubation" das Schlafen an heiligen Stätten gemeint, um im Traum Rat und besonders Heilung von der Gottheit zu erhalten.

Im übertragenen Sinn bedeutet Inkubation unbewusstes Ausbrüten von Ideen in einer Entspannungsphase nach einer intensiven Denkphase. Es geht also um eine intensive Phase von eher kurzer Dauer.

Gute Ideen sollten früh identifiziert und gefördert werden. Dann sollten Unternehmen stark genug sein, um selbst zu bestehen. Andere Ideen sollten Platz machen und nicht Ressourcen binden, die für neue Ideen sinnvoll benötigt werden.

BUSINESS ANGELS

Business Angels, in den USA im Übrigen auch als „Family, Friends and Fools" oder „Love Money" bezeichnet, spielen für Jungunternehmen eine entscheidende Rolle. Sie finanzieren die erste Phase von Jungunternehmen. Laut McKinsey entwickeln sich aus 10.000 Geschäftsideen 1.000 Gründungen, die dann über Business Angels finanziert werden.

Wenn es die 1.000 Unternehmen nicht gibt, die von Business Angels finanziert werden, gibt es nicht die 100, in die Venture Capital Firmen investieren. Diese komplementäre Funktion wird in Europa bisher wenig verstanden. Potentielle Investoren werden stattdessen diskriminiert.

VENTURE CAPITAL

Venture Capital bedeutet Risikokapital von institutionellen Investoren auf Zeit.

Mit Venture Capital können Sie sich Zeit kaufen. Und die ist für Wachstumsunternehmen sehr oft überlebensnotwendig.

Diese Form der Finanzierung ist aber nur für Wachstumsunternehmen mit skalierbaren Produkten und überproportionalen Wachstumschancen sinnvoll. Sonst funktioniert der Exit (Verkauf der Anteile des Investors) nicht. Investoren können ihre erwartete Rendite nicht realisieren, die durch die Wertsteigerung des Unternehmens entstehen soll.

Die Erfahrung hat gezeigt, dass nur 1% aller Gründungen die Voraussetzungen für eine Venture-Capital-Finanzierung in der bisherigen Form erfüllt.

DER GRÜNDERTRICHTER

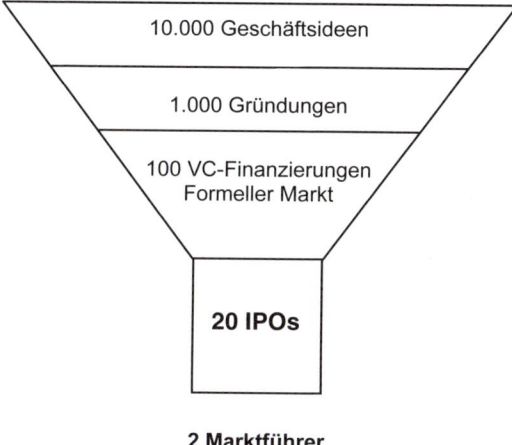

10.000 Geschäftsideen

1.000 Gründungen

100 VC-Finanzierungen
Formeller Markt

20 IPOs

2 Marktführer

Aus 10.000 Geschäftsideen folgen 1.000 Unternehmensgründungen, davon erreichen 100 eine Finanzierung durch den formellen Venture-Kapital-Markt, es gehen 20 an die Börse und 2 werden Marktführer.

Das Problem mit Venture Capital in Europa ist bislang, dass der Markt nicht hier stattfindet, sondern in den USA. Von einer weltweiten Gesamtsumme, einschließlich des informellen Wertes, von mehr als 150 Milliarden Dollar, flossen um die Jahrtausendwende mehr als 70% in die USA.

I INVEST IN MANAGEMENT, NOT IDEAS.

EUGENE KLEINER
VENTURE CAPITALIST

EINE BANK IST EINE BANK

Was kann man von einer Bank als Gründer erwarten?

Lassen Sie mich das Thema aus einer anderen Perspektive beleuchten. Wem würden Sie Geld leihen? Einem guten Freund (ja), einer Bank (aber sicher, da bekomme ich eine sichere Verzinsung), einem Bekannten (schon weniger), einem Unbekannten (nein, danke), einem Jungunternehmer, den Sie vorher noch nie gesehen haben? Ehrlich! Ja, aber nur wenn er eine tolle Idee hat und Sie Ihr Geld nicht verlieren. Und schon geht der Teufelskreis los.

Das Zitat: „Banken sind nur Partner, solange man sie nicht braucht", in der Ausgabe einer renommierten Tageszeitung vom 5. Juli 2005 hat mich zur folgenden Ansicht über das Verhältnis von Banken und Unternehmen geführt.

DIE REALITÄT

Banken können nur bis zu einem bestimmten Risiko gehen. Es ist kein einfaches Thema. Unternehmen gehen einfach mit überhöhten Erwartungen zu einer Bank und sind enttäuscht, wenn es mit der Finanzierung nicht klappt. Aber Banken bekommen auch Kreditansuchen vorgelegt, bei denen auch Sie sicher sofort nein sagen würden.

DIE GOLDENE MITTE

Die Wahrheit liegt wie so oft in der Mitte. Banken können nur dann gute Partner sein, wenn sie mit Kunden über das Geschäft reden können. Es muss zuerst eine Beziehung zwischen Unternehmen und Bank entstehen. Das bedeutet, dass Kundenbetreuer vom Geschäft des Kunden etwas verstehen sollten und Unternehmen rechtzeitig das Gespräch mit der Bank suchen und sie mit ordentlichen Unterlagen informieren. Nüchterne Zahlenbetrachtungen sind hier nicht ausreichend.

Selbst mit dem einfachsten Buchhaltungs-Software-Programm kann ein ordentlicher Status mit Erfolgsrechnung erstellt werden. Nur die Buchung der Belege müssen Sie veranlassen. Am besten gleich am Ende des Monats. Dann können Sie auch besser schlafen. Sogar wenn die Zahlen weniger gut sind.

„CASH IS KING"

Auf der anderen Seite sind Unternehmer oft sehr hemdsärmelig, wenn es um das finanziell Wichtigste im Geschäft geht: um Liquidität, Cash Flow, Zahlungsfähigkeit. Mit dem Blick auf den Kontostand ist das nicht zu machen. Vorausschauende Planung ist erforderlich. Und hier trifft man laut einer Untersuchung des Wirtschaftsministeriums zu rund 80% auf unzureichendes Controlling. Mit der Folge, dass Unternehmen auch nicht wissen können, wann sie wie viel Geld übrig haben oder (von einer Bank) brauchen.

Banken kennen in der Regel keine aktuellen Zahlen von Unternehmen, da diese erst nach Fertigstellung des Jahresabschlusses durch den Steuerberater an die Bank weitergegeben werden. Das ist meist 16 Monate, also eineinhalb Jahre zu spät.

Wenn nun das Jänner-Ergebnis des Folgejahres eine unerwartete Veränderung zeigt und Sie eine Überbrückungsfinanzierung benötigen, dann sprechen Unternehmen mit der Bank meist ohne aktuelle Unterlagen. Erwarten Sie auf dieser Basis wirklich ein partnerschaftliches Verhältnis mit einer Bank?

Banker vertrauen Ihnen dann, wenn sie keine Überraschungen erleben, Unternehmen zumindest vierteljährlich aktuelle Informationen liefern und über ihre eigene Finanzlage bestens informiert sind.

Wie denken Sie nun über Banken als Partner?

WEITERFÜHRENDE LITERATUR

» Jack Trout über Strategie, Jack Trout
Linde Verlag 2005
Ein hervorragendes Buch, das erklärt, worauf es heute bei Strategie ankommt.

» Differentiate or Die, Jack Trout/Steve Rivkin
Wiley 1999
Differenzieren oder Verlieren, Redline 2001
Die vollständige Beschreibung der zehn Möglichkeiten zur Differenzierung im Gedächtnis der Kunden.

» Der Geist und das Greenhorn, Jack Trout
Redline 2002
Ein Überlebensleitfaden für Entscheidungsträger, die wenig Marketinghintergrund haben.

» Think, Strategische Unternehmensführung statt Kurzfristdenken, Hermann Simon
Campus 2004
Eine hervorragende Aufforderung, strategisch zu denken und zu handeln.

» Positionierung, Kernentscheidung im Marketing, Torsten Tomczak/ThomasRudolph/Alexander Roosdorp
Forschungsinstitut für Handel und Absatz an der Universität St. Gallen, THEXIS 1996. Eine Sammlung verschiedener Ansätze für Positionierung in Europa.

» Über Strategie, Lorenz Wied
Leykam Verlag 2002
Das Buch zum Thema strategische Positionierung auf europäische Dimensionen übertragen. Titel vergriffen, Bezug über das Büro des Autors möglich: www.wied.at, wied@positioning.at

» Unverwechselbar, Bernd M. Samland
Haufe 2006

Über den Autor

Lorenz Wied ist Präsident von Trout & Partners Middle Europe. Trout & Partners ist weltweit als führender Spezialist für Strategische Positionierung und Differenzierung anerkannt. Trout war der Erste, der das Konzept der Positionierung von Produkten und Ideen in der Wahrnehmung und im Gedächtnis der Kunden in den Mittelpunkt der Strategieentwicklung stellte.

Zu den Kunden gehören u.a. AT&T, IBM, Nestlé, Merrill Lynch, Southwest Airlines, Intercontinental Hotels, Lenzing AG, Bayer Schering AG, Raiffeisen, Skidata, Vivatis AG.

Anders als andere Strategieberater vermitteln Trout & Partners als Positionierungsexperten ihren Kunden, dass ihren Unternehmen ohne Differenzierung nur der Preis als Waffe im globalen Wettbewerb bleibt. Es geht also um den Preis oder den Unterschied. Eine Konzentration allein auf den Preis kann aber tödlich sein. Differenzierung hingegen bringt dauerhafte Erfolge.

Lorenz Wied ist Berater, Trainer und Coach, Universitätslektor, Vortragender in Executive MBA Programmen und Autor. Er hat das Konzept der Positionierung für den europäischen Markt weiterentwickelt und gibt in diesem Buch seine mehr als 20jährige Erfahrung als Top-Manager und Berater weiter.

www.positioning.at
wied@positioning.at